DELICIOUS

难挡的诱惑，随时的享受

| 第 2 章 | 实例演练：制作简洁大方的餐厅图标
视频时长：00:05:44 |

U0218181

| 第 1 章 | 实例演练：将编辑后的图形进行存储
视频时长：00:02:35 |

| 第 3 章 | 实例演练：绘制椰树图形
视频时长：00:08:15 |

| 第 3 章 | 实例演练：绘制抽象背景图
视频时长：00:06:45 |

| 第 3 章 | 实例演练：绘制潮流香槟杯
视频时长：00:07:08 |

本书实例欣赏

第 1 章
实例演练：应用辅助
功能绘制企业标志

视频时长： 00:10:46

第 2 章
实例演练：制作无缝
背景图效果

视频时长： 00:08:16

第 2 章
实例演练：修整对象
制作花朵图案

视频时长： 00:06:53

第 5 章
实例演练：制作花纹
图形

视频时长： 00:07:38

第 5 章
实例演练：制作镂空
图形

视频时长： 00:08:46

第 7 章
实例演练：制作清爽的
螺旋圆环图案

视频时长： 00:09:01

第 4 章
实例演练：填充图案
制作木纹效果

视频时长： 00:09:21

第 4 章
实例演练：绘制图形填充
颜色制作儿童插画

视频时长： 00:09:46

第 5 章
实例演练：应用编辑节点
创建复杂的图形

视频时长： 00:12:58

第 3 章
实例演练：绘制绚丽
星光图案

视频时长： 00:07:15

第 8 章 实例演练：调整图像制作美丽的风景图
视频时长：00:05:20

第 6 章 实例演练：商场活动宣传单设计
视频时长：00:09:22

第 9 章 实例演练：制作水墨荷花效果
视频时长：00:06:41

本书实例欣赏

第 7 章
实例演练：绘制唯美的
雪景图

视频时长：00:09:45

第 7 章
实例演练：创意字体
海报设计

视频时长：00:09:36

第 7 章
实例演练：为图像添加
逼真的彩虹

视频时长：00:05:51

第 5 章
实例演练：矢量汽车
海报设计

视频时长：00:07:45

第 8 章
实例演练：制作相册模板

视频时长：00:06:09

第 11 章
实例演练：活动招贴设计

视频时长：00:29:26

第 4 章
实例演练：应用填充
工具为图形上色

视频时长：00:06:27

第 9 章
实例演练：打造怀旧老照片风格

视频时长：00:04:22

第 9 章
实例演练：为照片添加
飘雪效果

视频时长：00:04:39

第 9 章
实例演练：应用滤镜打造手绘
素描效果

视频时长：00:05:24

热带丛林探险活动

让我们一起看看丛林探险中的趣事
感受奇妙探险之旅吧

创锐设计　编著

CorelDRAW X8
完全学习教程

机械工业出版社
China Machine Press

图书在版编目（CIP）数据

CorelDRAW X8完全学习教程／创锐设计编著. —北京：机械工业出版社，2017.12（2022.2重印）

ISBN 978-7-111-58554-1

Ⅰ．①C… Ⅱ．①创… Ⅲ．①图形软件－教材 Ⅳ．①TP391.413

中国版本图书馆CIP数据核字（2017）第290596号

CorelDRAW X8 是 Corel 公司出品的专业图形设计和矢量绘图软件，具有功能强大、效果精细、兼容性好等特点，被广泛应用于平面设计、插画绘制、包装装潢等诸多领域。本书根据初学者的学习需求和认知特点梳理和构建内容体系，循序渐进地讲解了 CorelDRAW X8 的核心功能和应用技法，可满足读者"从入门到精通"的学习需求。

全书共 11 章。第 1 章、第 2 章讲解 CorelDRAW X8 的基础知识和基本操作，第 3 ~ 5 章讲解图形的绘制与编辑，第 6 章讲解文字的创建与编辑，第 7 章讲解特效工具的应用，第 8 章、第 9 章讲解位图图像的编辑、美化及滤镜效果应用，第 10 章讲解作品的输出与打印，第 11 章解析了 2 个综合性商业设计实例。

本书内容丰富、图文并茂、直观易懂，能帮助 CorelDRAW 的初学者快速入门并提高，也适合有一定矢量绘图基础、想要进一步提高水平的专业设计人员、设计爱好者阅读，还可作为大中专院校和社会培训机构图形设计课程的教材。

CorelDRAW X8完全学习教程

出版发行：机械工业出版社（北京市西城区百万庄大街22号　邮政编码：100037）

责任编辑：杨　倩　　　　　　　　　　　　　责任校对：庄　瑜

印　　刷：北京富博印刷有限公司　　　　　　版　　次：2022年2月第1版第7次印刷

开　　本：185mm×260mm　1/16　　　　　　印　　张：17.25印张（含0.25印张彩插）

书　　号：ISBN 978-7-111-58554-1　　　　　定　　价：49.80元

凡购本书，如有缺页、倒页、脱页，由本社发行部调换

客服热线：（010）88379426　88361066　　　　投稿热线：（010）88379604

购书热线：（010）68326294　88379649　68995259　　读者信箱：hzit@hzbook.com

PREFACE 前言

　　CoreIDRAW 是一款集矢量绘图、平面设计、位图编辑等众多功能于一身的图形设计应用软件，以其强大的功能和人性化的操作界面而深受职业设计师的青睐。本书以 CoreIDRAW X8 为软件环境，根据初学者的学习需求和认知特点，结合编者多年的实战经验，对内容进行了精心归纳和梳理，力求达到"从入门到精通"的学习效果。

◎ 内容结构

　　全书共 11 章。第 1 章、第 2 章讲解 CoreIDRAW X8 的基础知识和基本操作，包括认识软件界面、文件和页面的基本操作、对象的基本操作等；第 3 ~ 5 章讲解图形的绘制、填充及轮廓线设置、高级编辑等操作；第 6 章讲解文字的创建与编辑；第 7 章讲解特效工具的应用；第 8 章、第 9 章讲解位图图像的编辑、美化及滤镜效果应用；第 10 章讲解作品的输出与打印；第 11 章以实战应用为主旨，解析了 VI 办公系统应用设计、活动招贴设计 2 个综合性商业设计实例。

◎ 编写特色

◎ 内容丰富全面

　　初学者应该掌握的 CoreIDRAW 知识和功能，书中都有介绍，并且穿插了丰富的知识补充、技巧提示，可以随时学、用、查。

◎ 体系新颖易学

　　本书采用"边学边练"的教学方式，先以图文并茂的方式介绍知识和技法，再通过典型实例让读者在动手操作中理解和感悟知识和技法的实际应用。每章最后还对本章内容要点进行小结，并提供课后练习帮助读者进一步巩固所学。

◎ 实例典型实用

　　书中精选的 32 个典型小实例涵盖了 CoreIDRAW 的核心知识和关键技法，风格和题材多样，不仅赏心悦目，而且能开阔思路。最后 2 个实用、精美的综合实例，更是结合时下热门应用领域的精心设计。

◎ 读者对象

　　本书能够帮助 CoreIDRAW 的初学者快速入门并提高，也适合有一定的矢量绘图基础、想要进一步提高水平的专业设计人员、设计爱好者阅读，还可作为大中专院校和社会培训机构图形设计课程的教材。

　　由于编者水平有限，本书难免有不足之处，恳请广大读者批评指正。除了扫描二维码添加公众号获取资讯以外，也可加入 QQ 群 736148470 与我们交流。

编者

2017 年 12 月

如何获取云空间资料

 一　**扫描关注微信公众号**

　　在手机微信的"发现"页面中点击"扫一扫"功能，如右一图所示，进入"二维码 / 条码"界面，将手机摄像头对准右二图中的二维码，扫描识别后进入"详细资料"页面，点击"关注公众号"按钮，关注我们的微信公众号。

 二　**获取资料下载地址和提取密码**

　　点击公众号主页面左下角的小键盘图标，进入输入状态，在输入框中输入本书书号的后6 位数字"585541"，点击"发送"按钮，即可获取本书云空间资料的下载地址和提取密码，如右图所示。

 三　**打开资料下载页面**

　　在计算机的网页浏览器地址栏中输入前面获取的下载地址（输入时注意区分大小写），如右图所示，按 Enter 键即可打开资料下载页面。

 四　**输入提取密码并下载资料**

　　在资料下载页面的"请输入提取密码"文本框中输入前面获取的提取密码（输入时注意区分大小写），再单击"提取文件"按钮。在新页面中单击打开资料文件夹，在要下载的文件名后单击"下载"按钮，即可将其下载到计算机中。如果页面中提示选择"高速下载"还是"普通下载"，请选择"普通下载"。下载的资料如果为压缩包，可使用 7-Zip、WinRAR 等软件解压。

　　提示： 读者在下载和使用云空间资料的过程中如果遇到自己解决不了的问题，请加入 QQ 群 736148470，下载群文件中的详细说明，或找群管理员提供帮助。

CONTENTS

前言
如何获取云空间资料

第 1 章　CorelDRAW 快速入门

1.1　认识 CorelDRAW 工作界面 10
　1.1.1　标题栏 10
　1.1.2　菜单栏 11
　1.1.3　标准工具栏 12
　1.1.4　工具箱 12
　1.1.5　泊坞窗 14

1.2　文件的基本操作 14
　1.2.1　新建文件 14
　1.2.2　打开文件 15
　1.2.3　导入与导出文件 15
　1.2.4　保存和关闭文件 17

1.3　页面的设置 18

1.3.1　页面选项设置 18
1.3.2　设置页面方向 18
1.3.3　更改页面尺寸 19

1.4　使用页面辅助功能 20
　1.4.1　辅助线的应用 20
　1.4.2　网格的应用 21
　1.4.3　标尺的应用 22

★实例 1　应用辅助功能绘制企业标志 ... 23
★实例 2　将编辑后的图形进行存储 25

1.5　本章小结 27
1.6　课后练习 27

第 2 章　对象的基本操作

2.1　选择和变换对象 29
　2.1.1　选择对象 29
　2.1.2　对象的基本变换 30

2.2　对齐和分布对象 31
　2.2.1　对象的对齐 31
　2.2.2　对象的分布 32

2.3　对象的修整 33
　2.3.1　合并对象 33
　2.3.2　修剪对象 34
　2.3.3　相交对象 34
　2.3.4　简化对象 35
　2.3.5　移除对象 35

2.4　复制、再制和删除对象 35
　2.4.1　复制对象 35
　2.4.2　再制对象 36

2.4.3　在指定位置创建对象副本 37
2.4.4　删除对象 38

2.5　对象的群组与解组 38
　2.5.1　群组多个对象 38
　2.5.2　解散群组对象 39

2.6　对象的锁定与解锁 40
　2.6.1　锁定对象 40
　2.6.2　解锁对象 41

★实例 1　制作简洁大方的餐厅图标 41
★实例 2　制作无缝背景图效果 43
★实例 3　修整对象制作花朵图案 47

2.7　本章小结 49
2.8　课后练习 49

第 3 章 | 基础图形的绘制

3.1 绘制矩形和正方形 51
   3.1.1 矩形工具 51
   3.1.2 3点矩形工具 52

3.2 绘制椭圆形、圆形、弧形和饼形 ...53
   3.2.1 椭圆形工具 53
   3.2.2 3点椭圆形工具 54

3.3 绘制多边形和星形 54
   3.3.1 多边形工具 54
   3.3.2 星形工具 55
   3.3.3 复杂星形工具 55

3.4 绘制图纸和螺纹 55
   3.4.1 图纸工具 55
   3.4.2 螺纹工具 56

3.5 绘制预定义形状 57
   3.5.1 基本形状工具 57
   3.5.2 箭头形状工具 58
   3.5.3 流程图形状工具 58
   3.5.4 标题形状工具 58

   3.5.5 标注形状工具 59

3.6 绘制线条 59
   3.6.1 手绘工具 59
   3.6.2 2点线工具 60
   3.6.3 贝塞尔工具 61
   3.6.4 钢笔工具 61
   3.6.5 B样条工具 62
   3.6.6 折线工具 63
   3.6.7 3点曲线工具 63
   3.6.8 智能绘图工具 64
   3.6.9 艺术笔工具 64

★实例 1 绘制抽象背景图 65
★实例 2 绘制椰树图形 68
★实例 3 绘制潮流香槟杯 71
★实例 4 绘制绚丽星光图案 73
3.7 本章小结 75
3.8 课后练习 76

第 4 章 | 图形的填充与轮廓设置

4.1 图形的填充 77
   4.1.1 纯色填充 77
   4.1.2 渐变填充 78
   4.1.3 图样填充 80
   4.1.4 底纹填充 81
   4.1.5 PostScript填充 82

4.2 滴管工具和智能填充工具 83
   4.2.1 颜色滴管工具 83
   4.2.2 属性滴管工具 84
   4.2.3 智能填充工具 84

4.3 交互式填充工具组 85
   4.3.1 交互式填充工具 85
   4.3.2 网状填充工具 85

4.4 图形轮廓的设置 86

   4.4.1 设置轮廓线宽度 86
   4.4.2 设置轮廓线样式 88
   4.4.3 设置轮廓线拐角效果 88
   4.4.4 在轮廓线中应用箭头 89
   4.4.5 更改轮廓线颜色 90

★实例 1 绘制图形填充颜色制作
      儿童插画 91
★实例 2 填充图案制作木纹效果 95
★实例 3 绘制逼真质感的水果图形 ...99
★实例 4 应用填充工具为图形上色 ...103
4.5 本章小结 106
4.6 课后练习 106

第 5 章 | 图形的高级编辑

5.1 自由变换对象 108
   5.1.1 自由旋转工具 108

   5.1.2 自由角度反射工具 108
   5.1.3 自由缩放工具 109

5.1.4 自由倾斜工具 109

5.2 修剪对象造型 110
  5.2.1 形状工具 110
  5.2.2 平滑工具 110
  5.2.3 涂抹工具 111
  5.2.4 转动工具 111
  5.2.5 吸引和排斥工具 112
  5.2.6 沾染工具 112
  5.2.7 粗糙工具 113

5.3 裁剪和擦除对象 113
  5.3.1 裁剪工具 113
  5.3.2 刻刀工具 114
  5.3.3 橡皮擦工具 114
  5.3.4 虚拟段删除工具 115

5.4 图形节点的编辑 115
  5.4.1 转换节点类型 115
  5.4.2 直线与曲线的转换 116
  5.4.3 节点的连接与分割 117
  5.4.4 移动、添加和删除节点 117

★实例1 制作花纹图形 118

★实例2 制作镂空图形 121

★实例3 应用编辑节点创建
         复杂的图形 123

★实例4 矢量汽车海报设计 126

5.5 本章小结 129

5.6 课后练习 129

第6章 文字的创建与编辑

6.1 添加文本 131
  6.1.1 添加美术字 131
  6.1.2 添加段落文字 132

6.2 设置文字的外观 132
  6.2.1 设置文字字体与字号 132
  6.2.2 设置文字颜色 133
  6.2.3 设置字符轮廓 134

6.3 段落的调整 135
  6.3.1 设置段落文本对齐方式 135
  6.3.2 设置段落行间距 135
  6.3.3 设置段落字符间距 136
  6.3.4 添加分栏 137
  6.3.5 调整分栏大小 137

6.4 文本环绕 138

6.4.1 将段落文本环绕在对象周围 138
6.4.2 自定义文本与对象的距离 139
6.4.3 移除环绕效果 139

6.5 创建路径文字 139
  6.5.1 沿路径边缘添加文字 139
  6.5.2 在封闭路径中输入文字 140
  6.5.3 设置路径文字位置 140

★实例1 制作美食杂志内页 141

★实例2 商场活动宣传单设计 ... 145

★实例3 添加文字制作网店优惠券 ... 148

6.6 本章小结 152

6.7 课后练习 152

第7章 特效工具的应用

7.1 透镜效果 153
  7.1.1 应用透镜 153
  7.1.2 编辑透镜 154
  7.1.3 复制透镜 154

7.2 阴影效果 154
  7.2.1 创建阴影效果 154
  7.2.2 创建预设的阴影效果 155
  7.2.3 更改阴影方向 155
  7.2.4 指定阴影颜色 156

7.2.5 拆分阴影和对象 156
7.2.6 清除阴影 156

7.3 轮廓图效果 157
  7.3.1 创建轮廓图 157
  7.3.2 指定轮廓图的步长 158
  7.3.3 轮廓图的偏移设置 158
  7.3.4 设置轮廓图对象的轮廓色 ..158
  7.3.5 设置轮廓图对象的填充颜色 ..159

7.4 调和对象 159

7.4.1　创建调和效果 159
7.4.2　指定调和步长 160
7.4.3　指定调和颜色序列 160
7.4.4　对象和颜色加速 161
7.4.5　复制调和 161

7.5　变形效果 161
7.5.1　应用预设变形 161
7.5.2　自定义变形 162
7.5.3　复制变形属性 164
7.5.4　清除变形 165

7.6　封套效果 165
7.6.1　应用"封套工具"为对象造型 165
7.6.2　应用"封套"泊坞窗改变
　　　　对象外形 166
7.6.3　复制封套效果 166
7.6.4　编辑封套的节点和线段 167
7.6.5　清除封套 168

7.7　立体化效果 169

7.7.1　快速应用立体化效果 169
7.7.2　更改矢量立体模型的形状 170
7.7.3　对立体模型应用填充 171
7.7.4　对立体模型应用斜角修饰边 172
7.7.5　在立体模型中添加光源 172

7.8　透明效果 172
7.8.1　设置透明效果 173
7.8.2　指定透明类型 173
7.8.3　复制透明度 175
7.8.4　冻结透明度 175
7.8.5　清除透明度 176

★实例 1　绘制唯美的雪景图 176
★实例 2　创意字体海报设计 180
★实例 3　制作清爽的螺旋圆环图案 185
★实例 4　为图像添加逼真的彩虹 187

7.9　本章小结 189
7.10　课后练习 189

第 8 章　编辑与美化位图图像

8.1　使用位图图像 191
8.1.1　导入位图图像 191
8.1.2　将矢量图转换为位图 191

8.2　更改位图大小和分辨率 192
8.2.1　裁剪位图 192
8.2.2　更改位图尺寸 192

8.3　描摹位图 193
8.3.1　快速描摹 194
8.3.2　中心线描摹 194
8.3.3　轮廓描摹 195

8.4　调整与矫正位图 197
8.4.1　自动调整位图 197
8.4.2　使用"调整"菜单调整
　　　　颜色和色调 197
8.4.3　在"图像调整实验室"中
　　　　校正颜色 201

8.4.4　变换颜色和色调 202
8.4.5　矫正位图图像 203

8.5　创建 PowerClip 对象 203
8.5.1　应用PowerClip裁剪图像 203
8.5.2　编辑图文框中的图像 204

★实例 1　制作网站页面效果 205
★实例 2　描摹图像打造时尚女鞋
　　　　　促销海报 208
★实例 3　调整图像制作美丽的风景图 ... 211
★实例 4　制作相册模板 213

8.6　本章小结 215
8.7　课后练习 215

第 9 章　滤镜的应用

9.1　三维效果滤镜 217
9.1.1　三维旋转 217

9.1.2　柱面 217
9.1.3　浮雕 218

9.1.4 卷页 ································ 218
9.1.5 透视 ································ 218
9.1.6 挤远/挤近 ······················219
9.1.7 球面 ································ 219

9.2 艺术笔触滤镜 ····················220
9.2.1 炭笔画 ····························220
9.2.2 蜡笔画 ····························220
9.2.3 钢笔画 ····························220
9.2.4 素描 ································ 221
9.2.5 水彩画 ····························221

9.3 模糊滤镜 ························· 222
9.3.1 高斯式模糊 ····················222
9.3.2 低通滤波器 ····················222
9.3.3 动态模糊 ························223
9.3.4 放射式模糊 ····················223
9.3.5 缩放 ································ 223

9.4 创造性滤镜 ······················224
9.4.1 工艺 ································ 224
9.4.2 晶体化 ····························224
9.4.3 织物 ································ 225
9.4.4 框架 ································ 225
9.4.5 马赛克 ····························226

9.4.6 虚光 ································ 226
9.4.7 天气 ································ 227

9.5 扭曲滤镜 ························· 227
9.5.1 块状 ································ 227
9.5.2 网孔扭曲 ························227
9.5.3 偏移 ································ 228
9.5.4 龟纹 ································ 228
9.5.5 风吹效果 ························229

9.6 鲜明化滤镜 ······················229
9.6.1 适应非鲜明化 ················229
9.6.2 高通滤波器 ····················230
9.6.3 鲜明化 ····························230
9.6.4 非鲜明化遮罩 ················230

★实例 1 应用滤镜打造手绘素描效果 ··· 231
★实例 2 制作水墨荷花效果 ········ 233
★实例 3 为照片添加飘雪效果 ···· 236
★实例 4 打造怀旧老照片风格 ···· 238

9.7 本章小结 ························· 240
9.8 课后练习 ························· 241

第 10 章 | 作品的输出与打印

10.1 作品的输出 ····················242
10.1.1 导出到 Office ··············242
10.1.2 导出为 Web 文件 ········243
10.1.3 导出为 HTML 文件 ······243
10.1.4 发布为 PDF 文件 ········244

10.2 文件的打印 ····················244

10.2.1 打印选项设置 ··············244
10.2.2 打印预览 ······················247
10.2.3 拼贴页面的打印设置 ····248
10.2.4 合并打印 ······················249

10.3 本章小结 ························250
10.4 课后练习 ························250

第 11 章 | 综合实例演练

11.1 VI 办公系统应用设计 ····251
11.1.1 徽标设计 ······················251
11.1.2 名片设计 ······················254
11.1.3 信笺设计 ······················256
11.1.4 信封设计 ······················258
11.1.5 其他办公用品设计 ········260

11.2 活动招贴设计 ················262
11.2.1 绘制背景图 ··················262
11.2.2 添加内容元素 ··············267

11.3 本章小结 ························271
11.4 课后练习 ························271

<table>
<tr><td>第
1
章</td><td># CorelDRAW快速入门

CorelDRAW是一款专业的平面设计软件，专注于矢量图形编辑与设计排版，提供了矢量动画、页面设计、网站制作、位图编辑和网页动画等多种功能，具有友好的工作界面，可以轻松制作出具有创意的图形。</td></tr>
</table>

1.1 认识 CorelDRAW 工作界面

开始学习 CorelDRAW 的操作之前，首先来了解 CorelDRAW X8 的工作界面中各个组成部分的具体作用，包括标题栏、菜单栏、标准工具栏、工具箱等。在 CorelDRAW X8 中打开图形文件后，即可显示如图 1-1 所示的工作界面。

图 1-1

1.1.1 标题栏

标题栏中显示了应用程序的完整名称和图标，并且会显示出当前图形文件的名称，如图 1-2 所示。如果是新建的图形文件，只会显示图形的名称；如果是已存储的图形文件，还会显示出该文件的存储路径。

图 1-2

在标题栏右侧有 3 个控制按钮。单击"最小化"按钮 −，可将应用程序窗口最小化；单击"最大化"按钮 □，可将应用程序窗口满屏显示，窗口变为最大；单击"关闭"按钮 ×，可退出应用程

序。将应用程序窗口最大化后，"最大化"按钮将变为"还原"按钮 ⊡，单击该按钮，可将应用
程序窗口还原至调整前的大小。

1.1.2 菜单栏

菜单栏是所有菜单命令的集合，包含了 12 类菜单命令，分别为"文件""编辑""视图""布
局""对象""效果""位图""文本""表格""工具""窗口"和"帮助"，如图 1-3 所示。
在菜单栏中单击相应的菜单名称即可打开下拉菜单，在其中选择相应的命令即可对图形进行编辑。

文件(F)　编辑(E)　视图(V)　布局(L)　对象(C)　效果(C)　位图(B)　文本(X)　表格(T)　工具(O)　窗口(W)　帮助(H)

图 1-3

1 "文件"菜单

"文件"菜单包含文件的基本操作命令，主要有新建、保存、导入和导出文件，此外还提供了
将制作完成的图形以其他格式发布或打印等操作的相关命令。

2 "编辑"菜单

"编辑"菜单主要包含对对象的操作命令，如复制、粘贴、剪切等命令。

3 "视图"菜单

"视图"菜单主要包含与图形在窗口中的显示模式和预览模式相关的设置命令，根据图形的不
同用途选择合适的显示模式，并且可以通过设置辅助工具节省制作图形的时间。

4 "布局"菜单

"布局"菜单中的命令主要是针对页面的相关设置和操作，包括插入新页面、删除选择的页面、
重命名页面、切换页面方向等相关操作的命令。

5 "对象"菜单

"对象"菜单主要包含针对一个或多个对象的操作，如图形的变化、调整及对齐与分布等操作。
此外，在"对象"菜单下还提供了在图形中插入条形码或新对象的命令。

6 "效果"菜单

"效果"菜单主要用于为对象添加效果，包含调整对象颜色或明暗的菜单命令，及创建调和、
轮廓图、立体化、斜角等特殊效果的命令。

7 "位图"菜单

"位图"菜单主要包含针对位图图像的操作。如果当前对象为矢量图形，则需要先将其转换为
位图图像，再应用"位图"菜单中的命令对其进行编辑。

8 "文本"菜单

"文本"菜单中的命令主要用于文本的编辑和排列，能最大限度地满足文本的各种变换需求，
使用"文本"菜单中的命令可以自由调整文本间距、行距等。

9 "表格"菜单

"表格"菜单用于表格的编辑与设置，在此菜单中的命令都是与表格的基本操作息息相关的，

如平均分布、合并单元格、拆分单元格等。

10 "工具" 菜单

"工具" 菜单中的命令主要用于软件的自定义操作,提供了多种管理器和快捷方式。

11 "窗口" 菜单

"窗口" 菜单中的命令主要用于调整窗口的排列和显示方式,包括对窗口进行水平、垂直平铺,执行相关命令显示或隐藏泊坞窗等。

12 "帮助" 菜单

"帮助" 菜单所包含的命令主要用于说明应用程序的版本及标示新增功能,并且帮助用户解决在操作中遇到的问题。

1.1.3 标准工具栏

默认情况下,在 CorelDRAW 工作界面中显示标准工具栏,它提供了许多菜单命令的快捷按钮,如图 1-4 所示。应用这些按钮可以快速完成文件的新建、存储、导入及导出等操作。

图 1-4

标准工具栏中各快捷按钮的含义和作用见表1-1。

按钮及其名称	作用	按钮及其名称	作用
新建 ☐	新建空白文档	导出 ⬆	将图形文件导出为其他格式
打开 ☐	打开存储的文档	发布为PDF ⬛	将文档导出为PDF文件格式
保存 ☐	保存绘制的图形	缩放级别 100%	指定页面缩放的比例
打印 ☐	打印文档	全屏预览 ⬛	显示文档的全屏预览
剪切 ☐	将选定对象剪切到剪贴板	显示标尺 ☐	显示或隐藏标尺
复制 ☐	将选定对象复制到剪贴板	显示网格 ☐	显示或隐藏文档网格
粘贴 ☐	将剪贴板的内容粘贴到绘图	显示辅助线 ☐	显示或隐藏辅助线
撤销 ☐	取消前一个操作	贴齐 贴齐(T) ▾	选择在页面中对齐对象的方法
重做 ☐	重新执行上一个撤销的操作	选项 ☐	打开 "选项" 对话框,设置工作区首选项
搜索内容 ☐	查找剪贴画、照片和文字等内容	应用程序启动器 ☐	单击可选择启动其他的Corel应用程序和插件
导入 ☐	导入其他格式的文件		

表 1-1

1.1.4 工具箱

工具箱位于工作界面的最左侧,包含绘制、编辑图形工具和各种填充对话框等,用户可以从中选择需要使用的工具。在未锁定工具箱的情况下,将鼠标指针移至工具箱顶部,当鼠标指针呈❖状时,按住鼠标左键并拖动即可将工具箱从工作界面中拖出,如图1-5所示,释放鼠标,即可以浮动工具栏的形式显示。如果需要重新定义工具箱中的工具,可以单击工具箱底部的 "快速自定义" 按钮⊕,如图 1-6 所示。在弹出的面板中单击相应的复选框,即可添加或隐藏相应的工具,如图 1-7 所示。

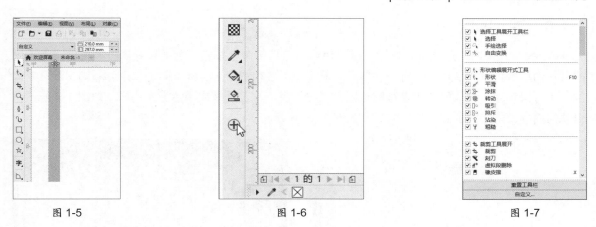

图 1-5　　　　　　　　　　图 1-6　　　　　　　　　　图 1-7

在工具箱中，一些工具默认为可见状态，其他工具则以展开工具栏的形式分组。单击工具箱中的按钮右下角的黑色小箭头，即可展开工具栏，选择所需的工具，如图 1-8 所示为展开的工具栏效果。

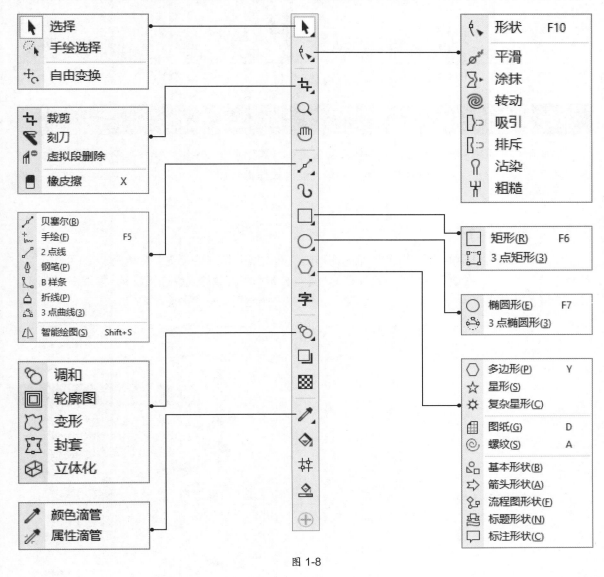

图 1-8

1.1.5 泊坞窗

CorelDRAW 中的泊坞窗与对话框有些相似，包括了命令按钮、选项和列表框等控件。但不同的是，泊坞窗可以在操作文档时一直打开，便于使用各种命令来尝试不同的效果。泊坞窗既可以停放，也可以浮动。停放的泊坞窗被附加到应用程序窗口、工具栏或调色板的边缘，如图 1-9 所示；浮动的泊坞窗未被附加到工作区元素，如图 1-10 所示。

图 1-9

图 1-10

1.2 文件的基本操作

在使用 CorelDRAW 对图形进行制作和编辑之前，需要掌握一些基本操作，例如新建文件、打开文件、导入与导出文件、保存与关闭文件等。这些操作都可以在 CorelDRAW 中的"文件"菜单中完成。

1.2.1 新建文件

新建文件是运用 CorelDRAW 软件编辑图形的基础。执行"文件 > 新建"菜单命令，即可打开"创建新文档"对话框，在该对话框中可对文档的大小、分辨率和页数等属性进行设置，如图 1-11 所示。设置完成后，单击"确定"按钮，即可根据设置新建一个空白文档，如图 1-12 所示。

图 1-11

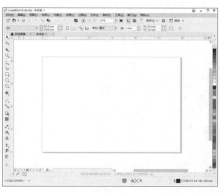

图 1-12

> **知识补充**
>
> 在CorelDRAW中，还可以通过按下快捷键Ctrl+N，或者在标准工具栏中单击"新建"按钮，打开"创建新文档"对话框来新建文件。

1.2.2 打开文件

应用 CorelDRAW 处理图形之前，常常需要先打开素材文件。下面介绍打开 CorelDRAW 专用的 CDR 格式文件常用的两种方法。

1 通过"打开"命令打开文件

执行"文件＞打开"菜单命令，打开"打开绘图"对话框，如图 1-13 所示，在该对话框中找到要打开的文件，选中该文件，单击"打开"按钮，即可在窗口中打开该文件，打开效果如图 1-14 所示。

图 1-13

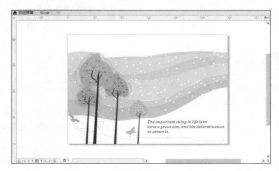

图 1-14

2 通过"欢迎屏幕"打开最近用过的文件

在"欢迎屏幕"中将鼠标指针移至"打开最近用过的文档"下方的文件名上，将在右侧显示文件缩览图，如图 1-15 所示，单击文件名，即可打开文件，如图 1-16 所示。

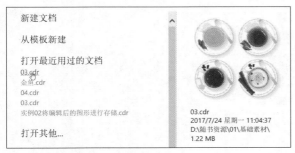

图 1-15

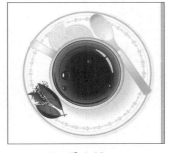

图 1-16

1.2.3 导入与导出文件

创建文件后，通常需要在文件中导入其他的素材，而完成图形的编辑后，则可以根据需要将其导出为其他格式的文件。在 CorelDRAW 中，可以应用"导入／导出"菜单命令，也可以单击标准工具栏中的"导入"和"导出"按钮实现文件的导入和导出。用户可以根据需要选择更适合自己的方法完成操作。

1 导入文件

在实际工作中，经常需要将由其他应用程序创建的文件导入到 CorelDRAW 中进行编辑，如 jpg、ai、tif 等格式的文件。

执行"文件＞导入"菜单命令，或单击标准工具栏中的"导入"按钮，打开"导入"对话框，在对话框中选择需要导入的文件，单击"导入"按钮，如图 1-17 所示。返回绘图窗口，当鼠标指

针变成 状时，在窗口中拖动，确定文件放置的位置和大小，如图 1-18 所示。

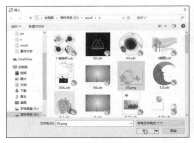

知识补充

可以直接在文件夹中找到要导入的文件，将其拖曳到正在CorelDRAW中编辑的文档中，采用此方法导入的文件将按原始大小显示。

图 1-17   图 1-18

2 导出文件

导出文件是将 CorelDRAW 中编辑好的图形保存为其他格式的文件，方便用户在其他软件中进行编辑。

执行"文件＞导出"命令，如图 1-19 所示，或者单击标准工具栏中的"导出"按钮，打开"导出"对话框，在对话框中设置存储路径、文件名及保存类型等。设置完成后，单击"导出"按钮，如图 1-20 所示。

图 1-19   图 1-20

CorelDRAW 会根据所选择的保存格式打开相应的对话框，这里打开"导出到 JPEG"对话框。在对话框中设置"颜色模式""质量"，调整图片导出的效果，设置完成后，单击"确定"按钮，如图 1-21 所示，即可导出文件。导出的效果如图 1-22 所示。

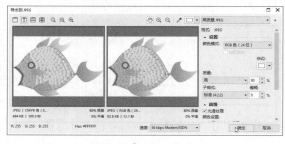

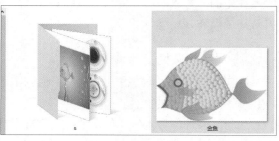

图 1-21   图 1-22

1.2.4 保存和关闭文件

完成文档的编辑后，可以将文档保存到指定文件夹中，便于查找和再次使用。在 CorelDRAW 中，利用"保存"和"另存为"菜单命令可以保存文档，利用"关闭"菜单命令则可以关闭文档。

1 保存文件

在 CorelDRAW 中打开一个文档，编辑完毕后执行"文件＞保存"菜单命令，即可保存对文档所做的改动。若当前文档是新创建的，从未被保存过，则编辑后执行"文件＞保存"菜单命令会弹出"保存绘图"对话框，在对话框中设置保存路径、文件名、保存类型等，单击"保存"按钮，如图 1-23 所示，保存后的效果如图 1-24 所示。

"文件＞另存为"菜单命令用于保存一个当前文档的副本，该副本可以采用新的文件名或保存类型，还可以保存在新的位置。执行此命令后同样会弹出"保存绘图"对话框，在对话框中设置新的保存路径、文件名、保存类型等，单击"保存"按钮，即可完成文档的另存操作。

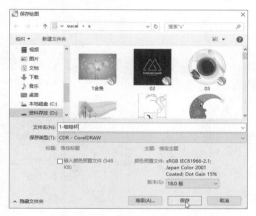

图 1-23   图 1-24

2 关闭文件

在 CorelDRAW 中，可以执行"文件＞关闭"菜单命令关闭文档，也可以单击文档选项卡标签的关闭按钮图快速关闭文档，如图 1-25 所示。未编辑的文档可以直接关闭；编辑过的文档关闭时会弹出提示框，提示用户是否保存对该文档的更改，如图 1-26 所示。单击"是"按钮时，会弹出"保存绘图"对话框；单击"否"按钮不保存文档；单击"取消"按钮则取消关闭文档。另外，执行"文件＞全部关闭"菜单命令可以关闭当前打开的所有文档。

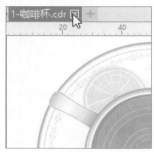

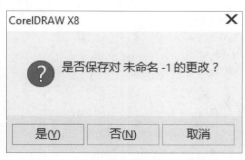

图 1-25   图 1-26

1.3 | 页面的设置

一般而言，在应用 CorelDRAW 绘制图形之前，都要先根据设计需要设置页面，包括设置页面的大小和方向、背景和标签等。

1.3.1 页面选项设置

在应用 CorelDRAW 编辑文档的过程中，常常需要修改单个或多个页面的尺寸、方向、分辨率等，可以通过打开"选项"对话框来进行修改。

打开需要修改的文档，如图 1-27 所示。执行"布局＞页面设置"菜单命令，打开页面"选项"对话框，可以在对话框中设置页面的大小和方向、分辨率和出血线等，设置后勾选"只将大小应用到当前页面"复选框，将"选项"对话框中设置的参数只应用于当前页面，文档的其他页面保持不变，单击"确定"按钮，如图 1-28 所示，效果如图 1-29 所示。

图 1-27

图 1-28

图 1-29

1.3.2 设置页面方向

在 CorelDRAW 中可以根据绘图需要指定页面的方向。页面方向有纵向和横向两种，在横向页面中，绘图的宽度大于高度；而在纵向页面中，绘图的高度大于宽度。

1 设置新建文件的页面方向

新建文档时，在打开的"创建新文档"对话框中单击"纵向"按钮□或"横向"按钮□设置页面方向。如图 1-30 所示，在"创建新文档"对话框中单击"横向"按钮，新建一个横向的页面，效果如图 1-31 所示。

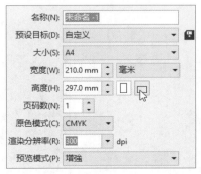
图 1-30

图 1-31

2 更改已编辑文档的页面方向

在绘图过程中，有时也会根据画面构图需要更改页面方向。打开素材文件，如图 1-32 所示，可以看到文件中的图像是横向的，页面是纵向的，为适合版面效果，执行"布局＞切换页面方向"菜单命令，将纵向页面更改为横向，效果如图 1-33 所示。

图 1-32

图 1-33

1.3.3 更改页面尺寸

页面的尺寸是指页面大小，包括高度和宽度两个重要选项。在 CorelDRAW 中可根据绘图需要指定页面的尺寸。除了新建文档时在"创建新文档"对话框中设置页面尺寸外，还可以在编辑过程中重新设置页面尺寸。

1 应用"页面设置"命令更改页面尺寸

打开文件，如图 1-34 所示。执行"布局＞页面设置"菜单命令，打开"选项"对话框，在该对话框里可以重新设置页面的尺寸，如图 1-35 所示。单击"确定"按钮即可更改页面尺寸，设置后的效果如图 1-36 所示。

图 1-34

图 1-35

图 1-36

2 在属性栏中设置页面尺寸

除了应用"选项"对话框更改页面尺寸外，也可以应用属性栏更改页面尺寸。打开文件，如图 1-37 所示。在工具箱中选择"选择工具"，单击页面外的空白区域，可以切换到页面的属性栏，直接在属性栏中的"页面度量"数值框中输入相应数值，即可更改页面的尺寸，设置后的效果如图 1-38 所示。

图 1-37

图 1-38

1.4 | 使用页面辅助功能

　　页面辅助功能主要用于在绘制图形时规范图形的位置和形状等,包括辅助线、网格及标尺等。打印文件时,在文档中添加的辅助线、网格等都将被隐藏,不会被打印出来。

1.4.1 辅助线的应用

　　辅助线是可以放置在绘图窗口的任意位置的线条,可以帮助用户精准绘图,一般在绘图之前会根据工作需要进行设置。

　　创建辅助线非常简单,可以通过单击标尺,并向中心页面拖动鼠标来完成。如图 1-39 所示,单击垂直标尺任意位置并向右拖动鼠标,释放鼠标后,即可在页面中创建一条垂直的辅助线,如图 1-40 所示。如果需要添加更多的辅助线,可以继续从标尺上向绘图窗口拖动鼠标,按照此方法可以创建多条辅助线,如图 1-41 所示。

图 1-39

图 1-40

图 1-41

　　创建辅助线后,用户可根据绘图需要删除或隐藏辅助线。将鼠标指针移至辅助线上,当鼠标指针变成双向箭头时,单击辅助线,辅助线将变成红色,如图 1-42 所示,按下 Delete 键,即可删除辅助线,如图 1-43 所示。若只需要隐藏辅助线,则单击标准工具栏中的"显示辅助线"按钮⬚即可,如图 1-44 所示。

图 1-42

图 1-43

图 1-44

1.4.2 网格的应用

网格可以帮助用户准确地对齐和放置对象，并可自行设置网格线和点之间的距离，使定位更加精确。网格分为文档网格、像素网格和基线网格。用户在绘图之前，可根据工作需要选择并设置网格。

1 创建文档网格

文档网格是一组可在绘图窗口显示的交叉线条。打开需要创建文档网格的文件，如图 1-45 所示，执行"工具＞选项"菜单命令，打开"选项"对话框，在左侧列表中单击"网格"选项，展开"网格"选项卡，在"文档网格"选项组中设置网格间距及显示方式，如图 1-46 所示，设置后单击"确定"按钮，得到如图 1-47 所示的效果。

图 1-45

图 1-46

图 1-47

2 创建基线网格

基线网格只有横线，并且只显示在绘图页面上，主要用来帮助用户对齐文本。打开要添加基线网格的文件，如图 1-48 所示，执行"工具＞选项"菜单命令，在打开的"选项"对话框的左侧列表中单击"网格"选项，展开"网格"选项卡，在"基线网格"选项组中设置网格间距及颜色、显示方式，如图 1-49 所示，设置后单击"确定"按钮，得到如图 1-50 所示的效果。

图 1-48

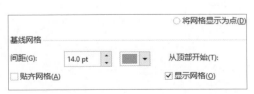
图 1-49

图 1-50

> **知识补充**
>
> 在CorelDRAW中，用户可以在"选项"对话框中设置像素网格的不透明度和颜色，并勾选"显示网格"复选框，然后执行"视图>像素"菜单命令，切换至"像素"视图，并将"缩放级别"调整至800%或更高倍数放大显示某个区域，以更准确地确定对象的位置和大小。

1.4.3　标尺的应用

标尺可以帮助用户精确地绘制、缩放和对齐对象，从而规范绘制的图形。从标尺中可以看出所绘制图形的位置，也可以查看当前所编辑图形的大小。

执行"工具>选项"菜单命令，打开"选项"对话框，在左侧列表中单击"标尺"选项，即可展开标尺选项卡，如图 1-51 所示。在选项卡中可对标尺的微调、单位和原点进行设置。

图 1-51

执行"视图>标尺"菜单命令，如图 1-52 所示，可以将视图中的标尺在工作界面中显示出来，如图 1-53 所示。再次执行"视图>标尺"菜单命令，可将标尺隐藏。

图 1-52

图 1-53

默认标尺的 0 刻度在绘图页面的左边起始处，并按比例延伸，用户可以通过拖动标尺起始处的按钮⬚来调整标尺的起始刻度。具体操作方法为，单击并拖动标尺上的按钮⬚，如图 1-54 所示，拖动至合适位置后释放鼠标，即可改变标尺的起始刻度，如图 1-55 所示。

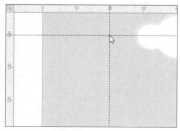

图 1-54

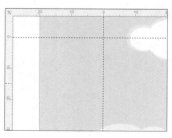

图 1-55

实例 1 应用辅助功能绘制企业标志

在本实例中，主要应用CorelDRAW的辅助功能绘制标志。在绘制标志过程中，利用辅助线和网格确定绘制图形的位置和大小，从而规范地绘制出企业标志，绘制的标志效果如图1-56所示。

图 1-56

◎ **原始文件：** 无
◎ **最终文件：** 随书资源\01\源文件\应用辅助功能绘制企业标志.cdr

1 打开 CorelDRAW 应用程序，按下快捷键 Ctrl+N，打开"创建新文档"对话框，设置文档宽度和高度为 200 mm，如图 1-57 所示。设置完成后，单击"确定"按钮，新建文件，如图 1-58 所示。

图 1-57

图 1-58

2 双击工具箱中的"矩形工具"按钮▢，创建一个和页面大小相同的矩形，如图 1-59 所示。右击"默认调色板"中的"20% 黑"色标，如图 1-60 所示，设置矩形轮廓色。

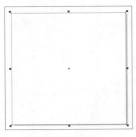
图 1-59

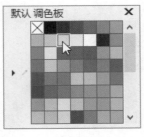
图 1-60

3 在工具箱中选择"多边形工具"，在属性栏中设置"边数或点数"为 3，按住 Ctrl 键，在绘图窗口中单击并拖动绘制一个正三角形，如图 1-61 所示。

4 选择工具箱中的"交互式填充工具"，单击属性栏中的"均匀填充"按钮▣，设置填充色为 C0、M100、Y100、K0。然后右击调色板中的"无色"色标⊠，去除轮廓线，效果如图 1-62 所示。

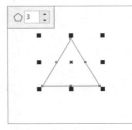
图 1-61

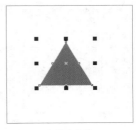
图 1-62

5 执行"视图＞标尺"菜单命令，在窗口中显示标尺，用鼠标从标尺上拖动出横竖两条辅助线，如图 1-63 所示。

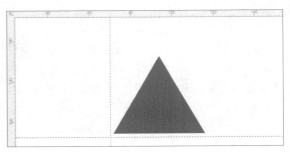
图 1-63

6 执行"视图＞贴齐＞辅助线"菜单命令，使用"选择工具"选中图形，将图形向辅助线方向拖动，如图 1-64 所示。此时图形会自动贴齐辅助线，如图 1-65 所示。

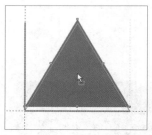

图 1-64   图 1-65

7 选中图形，依次按下快捷键 Ctrl+C 和 Ctrl+V，复制并粘贴图形，将复制的图形填充为白色，如图 1-66 所示，然后调整复制图形的大小和位置，得到如图 1-67 所示的效果。

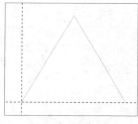
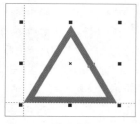

图 1-66   图 1-67

8 同时选中两个图形，如图 1-68 所示，单击属性栏中的"简化"按钮，修剪图形，从红色三角形中挖去白色三角形，如图 1-69 所示。

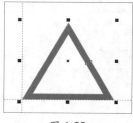
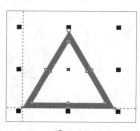

图 1-68   图 1-69

9 单击"显示网格"按钮，在绘图窗口中显示网格，如图 1-70 所示。单击工具箱中的"椭圆形工具"按钮，参考网格线，在三角形 3 个角处绘制 3 个相同大小的正圆，如图 1-71 所示。

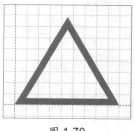

图 1-70   图 1-71

10 继续使用"椭圆形工具"绘制一个稍大的椭圆图形，如图 1-72 所示。选中所有正圆和椭圆，单击属性栏中的"合并"按钮，合并对象，得到新的图形，如图 1-73 所示。

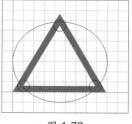
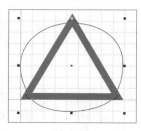

图 1-72   图 1-73

11 同时选中三角形和合并后的图形，单击属性栏中的"相交"按钮，从两个重叠的区域创建新的对象，然后删除三角形边缘的尖角部分，如图 1-74 所示。

12 选中所有图形后，依次按下快捷键 Ctrl+C 和 Ctrl+V，复制并粘贴图形，将复制的图形向右拖动至合适位置，得到并排的两个图形效果，如图 1-75 所示。

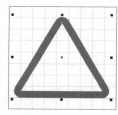
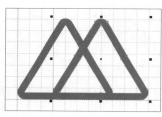

图 1-74   图 1-75

13 使用"椭圆形工具"和"矩形工具"，分别在两个并排的图形中间绘制出两个同等大小的圆形和一个矩形图形，绘制后的图形效果如图 1-76 所示。

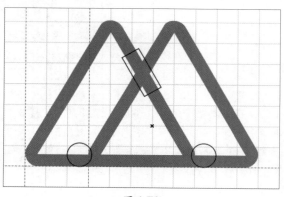

图 1-76

14 选中左边的三角图形和小圆形及矩形，单击属性栏中的"简化"按钮□，修剪重叠区域，得到新图形。选中右边的三角图形和小圆形，单击属性栏中的"简化"按钮□，再次修剪图形，修剪后删除多余图形，如图 1-77 所示。

15 选择"形状工具"调整图形，调整完后，同时选中两个三角图形，单击属性栏中的"合并"按钮□，合并所有对象，得到新的图形，如图 1-78 所示。

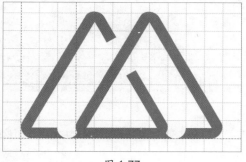

图 1-77

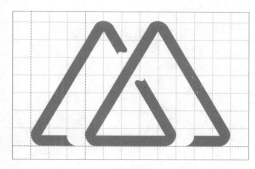

图 1-78

16 选择"文本工具"，输入文字，并调整文字的字体、大小，如图 1-79 所示。更改文字颜色为白色，填充背景色为 C100、M98、Y61、K46，将图形放置到合适的位置，然后隐藏网格和辅助线，完成企业标志的绘制，如图 1-80 所示。

图 1-79

图 1-80

实例 **2** **将编辑后的图形进行存储**

应用CorelDRAW绘制图形后，需要将图形进行保存。本实例将在打开的文件中绘制出更多的星光亮点，然后通过执行"另存为"命令，将文件存储为新的副本文件，编辑后的最终效果如图1-81所示。

◎ **原始文件：** 随书资源\01\素材\01.cdr
◎ **最终文件：** 随书资源\01\源文件\将编辑后的图形
　　　　　　　 进行存储.cdr

图 1-81

1 启动 CorelDRAW 应用程序后，执行"文件＞打开"菜单命令，打开素材文件 01.cdr，如图 1-82 所示。

图 1-82

2 选择"椭圆形工具"，按下 Ctrl 键，在窗口中拖动绘制一个正圆形，如图 1-83 所示。填充圆形为白色，去除轮廓线，如图 1-84 所示。

图 1-83　　　　　　图 1-84

3 选中圆形，依次按下快捷键 Ctrl+C 和 Ctrl+V，复制并粘贴图形，调整复制图形的位置和大小，如图 1-85 所示。

图 1-85

4 使用同样的方法复制得到更多的图形，然后分别调整它们的位置和大小，如图 1-86 所示。

图 1-86

5 选中图中所有小圆形，按下快捷键 Ctrl+G，群组图形。执行"位图＞转换为位图"菜单命令，打开"转换为位图"对话框，如图 1-87 所示，在对话框中设置参数，然后单击"确定"按钮，将图形转换为位图，如图 1-88 所示。

图 1-87

图 1-88

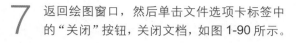

6 执行"文件＞另存为"菜单命令，打开"保存绘图"对话框，在对话框中设置文件存储路径、文件名、保存类型，设置完成后单击"保存"按钮，如图 1-89 所示。

7 返回绘图窗口，然后单击文件选项卡标签中的"关闭"按钮，关闭文档，如图 1-90 所示。

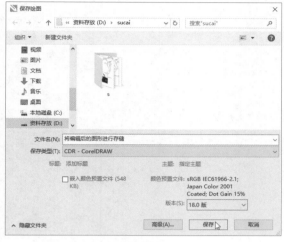

图 1-89

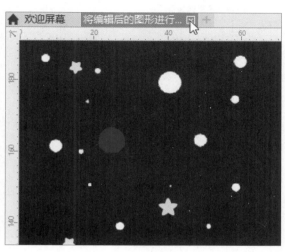

图 1-90

8 根据上述步骤中的文件保存路径，找到文件存放的位置，查看文件缩览图，如图 1-91 所示。

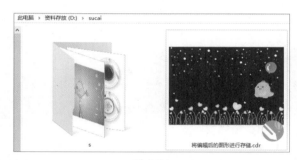

图 1-91

1.5 本章小结

本章主要介绍了 CoreIDRAW X8 的工作界面和基本操作，其中文件的基本操作包括常见的新建文件、打开文件、保存文件、关闭文件及导入 / 导出文件，还讲述了页面设置方法及应用页面辅助功能绘制图形的方法，旨在让读者快速熟悉 CoreIDRAW X8 的操作环境。

1.6 课后练习

1. 填空题

（1）在CoreIDRAW中，新建文件的方式有_____种，分别为：_____、_____、_____。执行这些操作均会打开"创建新文档"对话框，在对话框中设置参数，然后单击_____按钮，即可新建文档。

（2）执行＿＿＿＿＿菜单命令，可打开"保存绘图"对话框，存储文件。

（3）执行＿＿＿＿＿菜单命令或者单击标准工具栏中的＿＿＿＿＿按钮，可以显示标尺。

2．问答题

（1）执行什么命令后，可让图形自动贴齐网格线？

（2）怎样关闭当前正在操作的文档？

3．上机题

创建新文档，从标尺上拖动出4条3 mm的出血线，导入"随书资源\01\课后练习\素材\01.cdr"，如图1-92所示，在图形中间创建辅助线，然后将图形向辅助线拖动对齐，如图1-93所示，再存储并关闭文档。

图 1-92

图 1-93

读书笔记

对象的基本操作

在CorelDRAW中，对象的基本操作包括选择对象、变换与调整对象、复制和再制对象等。CorelDRAW提供了许多用于处理和编辑对象的命令和泊坞窗，用户可以通过执行相应的菜单命令或单击泊坞窗中的按钮，快速完成对象的处理。

2.1 选择和变换对象

选择和变换对象是编辑图形的基本操作。选择对象一般通过"选择工具"即可实现，而图形对象的变换则需要通过"变换"泊坞窗完成，应用该泊坞窗中的选项，可以调整图形的位置、大小等。

2.1.1 选择对象

在 CorelDRAW 中，编辑对象前必须先选择对象。选择对象主要通过"选择工具"实现，可以选择可见对象、视图中被其他对象遮挡的对象及群组或嵌套群组中的单个对象。此外，还可以按创建顺序选择对象、一次选择所有对象及取消选择对象。

1 选择单个对象

选择单个对象主要是指选择单独的对象，所选对象可以是单个或多个图形，也可以将群组后的图形作为单个对象。打开图形文档后，单击工具箱中的"选择工具"按钮，再单击要选择的对象，如图 2-1 所示，即可选中该图形，此时该图形周围出现控制手柄，如图 2-2 所示。

图 2-1

图 2-2

> **知识补充**
>
> 选择对象后，单击工作界面中的空白区域，可以取消对象的选中状态，对象周围的控制手柄也会随之消失。

2 选择全部对象

选择全部对象是指选取当前绘图窗口中所有的对象。按下快捷键 Ctrl+A 或双击工具箱中的"选择工具"按钮，如图 2-3 所示，即可选中当前文档中的所有对象，如图 2-4 所示。

图 2-3

图 2-4

3 选择群组中的单个对象

除了选择单个对象和全部对象外，还可以选择群组中的单个对象。要选择群组中的单个对象，需按住 Ctrl 键不放，然后单击要选择的对象，如图 2-5 所示。选中对象后，周围的控制手柄变为圆点，如图 2-6 所示。

图 2-5   图 2-6

2.1.2 对象的基本变换

对象的基本变换包括调整对象的位置、更改对象的大小、设置对象的倾斜效果等。应用"选择工具"选择对象时，该对象周围会出现控制手柄，通过拖动这些控制手柄即可对图形进行变换。

1 调整大小

调整大小可用于更改对象的宽度和高度，从而将对象放大或缩小，按照缩放后的效果可分为等比例调整大小和自由调整大小。

等比例调整对象大小时，图形长宽比不会发生变化。选择对象，将鼠标指针移至控制手柄的任意一个角位置，当鼠标指针变为双向箭头时单击并拖动，如图 2-7 所示，即可快速等比例缩放对象，效果如图 2-8 所示。

自由调整对象大小，图形长宽比例容易发生变化。选中对象，然后将鼠标指针移至对象四周的选择手柄位置，当鼠标指针变为双向箭头时单击并拖动，如图 2-9 所示。调整后的效果如图 2-10 所示。

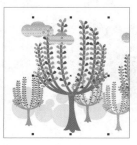

图 2-7   图 2-8   图 2-9   图 2-10

2 倾斜对象

倾斜可将对象向一侧倾斜。用"选择工具"双击图形将显示倾斜手柄，如图 2-11 所示，拖动倾斜手柄，当拖动到一定的倾斜角度后，释放鼠标，即可创建倾斜的对象效果，如图 2-12 所示。

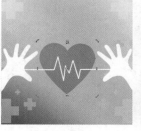

图 2-11   图 2-12

3 旋转对象

旋转用于绕对象的旋转轴或与其位置相对的点来旋转对象。用"选择工具"双击图形将显示旋转手柄，如图 2-13 所示，然后拖动图形四周的旋转手柄，拖动到合适的角度后释放鼠标，即可完成对象的旋转操作，效果如图 2-14 所示。

图 2-13　　　　　　　图 2-14

4 镜像对象

镜像用于将对象进行水平或垂直翻转。选择要创建镜像效果的图形，按住 Ctrl 键，反方向拖动选择手柄至合适的位置，如图 2-15 所示，按住鼠标左键不放并右击，释放鼠标即可创建图形的镜像副本，如图 2-16 所示。

也可以单击属性栏中的"水平镜像"或"垂直镜像"按钮来镜像对象，如图 2-17 和图 2-18 所示分别为单击"水平镜像"和"垂直镜像"按钮得到的效果。

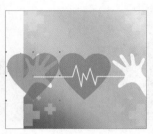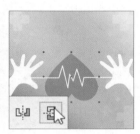

图 2-15　　　　图 2-16　　　　图 2-17　　　　图 2-18

2.2 │ 对齐和分布对象

CorelDRAW 允许在绘图时准确地对齐和分布对象。既可以使对象互相对齐，即按对象的中心或边缘对齐排列，也可以使对象与绘图页面的各个部分对齐，如中心、边缘和网格。对象的对齐与分布可以通过执行"对象"菜单命令中的"对齐和分布"命令实现，也可以应用"对齐与分布"泊坞窗中的对齐与分布按钮实现。

2.2.1 对象的对齐

对象的对齐主要是指将所选择的图形按照一定的规则进行排列，常见的对齐方式有 6 种，分别为"左对齐""右对齐""顶端对齐""底端对齐""水平居中对齐"和"垂直居中对齐"。"左对齐"可使对象靠左边缘对齐，"水平居中对齐"可使对象沿垂直轴居中对齐，"右对齐"可使对象靠右边缘对齐，"顶端对齐"可使对象靠上边缘对齐，"垂直居中对齐"可使对象沿水平轴居中对齐，"底端对齐"可使对象靠下边缘对齐。

应用"选择工具"结合 Shift 键选中需要进行对齐操作的对象，如图 2-19 所示。执行"对象＞对齐和分布"菜单命令，在打开的级联菜单中选择相应的对齐命令，如图 2-20 所示，执行命令后即可将选中的对象按照指定的对齐方式对齐，如图 2-21 所示。

图 2-19 图 2-20 图 2-21

如果应用"对齐与分布"泊坞窗对齐对象，需要先执行"窗口＞泊坞窗＞对齐与分布"菜单命令，打开"对齐与分布"泊坞窗，选中对象后，单击"对齐与分布"泊坞窗中的对齐按钮，如图 2-22 所示，即可将选中的对象按选择的方式对齐。如图 2-23 和图 2-24 所示分别为单击"垂直居中对齐"和"水平居中对齐"按钮后的效果。

图 2-22 图 2-23 图 2-24

> **知识补充**
>
> 在"对齐与分布"泊坞窗中还可选择对齐和分布对象时的基准或方式。"对齐对象到"选项组中各按钮的作用为："活动对象"按钮，与上一个选择的对象对齐；"页面边缘"按钮，与页面边缘对齐；"页面中心"按钮，与页面中心对齐；"网格"按钮，与网格对齐；"指定点"按钮，与指定参考点对齐。"将对象分布到"选项组中各按钮的作用为："选定的范围"按钮，将对象分布排列在包围这些对象的边框内；"页面范围"按钮，将对象分布排列在整个页面上。

2.2.2 对象的分布

应用"对齐与分布"泊坞窗不但可以对齐选中的对象，还可以调整选中对象的分布方式。泊坞窗提供了水平和垂直分散排列对象的方式。"左分散排列"可平均设置对象左边缘之间的距离；"水平分散排列中心"可沿水平轴平均设置对象中心点之间的距离；"右分散排列"可平均设置对象右边缘之间的距离；"水平分散排列间距"可沿水平轴将对象之间的距离设置为相同值；"顶部分散排列"可平均设置对象上边缘之间的距离；"垂直分散排列中心"可沿垂直轴平均设置对象中心点之间的距离；"底部分散排列"可平均设置对象下边缘之间的距离；"垂直分散排列间距"可沿垂直轴将对象之间的距离设置为相同值。

选择要调整排列方式的对象，如图 2-25 所示，执行"窗口＞泊坞窗＞对齐与分布"菜单命令，打开"对齐与分布"泊坞窗，单击泊坞窗中的分布按钮，如图 2-26 所示，即可按照指定的分布方式调整对象间距，效果如图 2-27 所示。

图 2-25

图 2-26

图 2-27

2.3 对象的修整

对象的修整是指将绘制的多个图形编辑成新的图形效果，包括合并、相交、修剪、简化等操作。在对图形进行修整前，需要选中至少两个图形对象。

2.3.1 合并对象

合并对象是将所选择的对象合并为带有单一填充和轮廓的曲线对象。应用"选择工具"选取多个要合并的图形，如图 2-28 所示，单击属性栏中的"合并"按钮，即可将多个图形合并为一个图形，如图 2-29 所示。合并后图形的边缘添加了多个合并的节点，合并的图形越多，合并的节点也就越多。

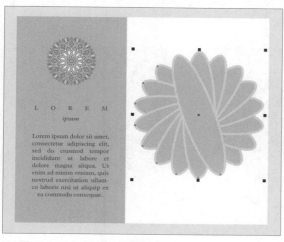

图 2-28

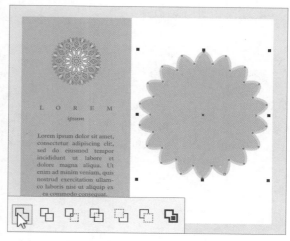
图 2-29

知识补充

"选择工具"属性栏中还有一个"合并"按钮，它能将选中的对象合并为具有相同属性的单一对象。合并对象后，该按钮会变为"拆分"按钮，单击后可取消对象的合并。而用"合并"按钮合并的对象则不能再拆分。

2.3.2 修剪对象

修剪对象是指将图形从参照物的形状中剪去，修剪后的图形会沿着参照物形成新的图形。用于修剪的对象可以是群组对象，也可以是位图图像，但不能是未闭合的曲线。修剪时要同时选中所要修剪的对象，并注意选择对象的先后顺序，后选择的对象为修剪操作的目标对象。

打开素材文件，如图 2-30 所示。使用"矩形工具"在素材图形上方绘制一个矩形，应用"选择工具"选中矩形和下方的素材图形，然后单击属性栏中的"修剪"按钮，如图 2-31 所示，即可修剪掉被矩形图形遮住的区域，移除矩形后，可以看到如图 2-32 所示的修剪效果。

图 2-30　　　　　　　　　　　图 2-31　　　　　　　　　　　图 2-32

2.3.3 相交对象

相交对象是指将两个或多个相重叠图形的中间区域创建为一个新的图形，即新形成的图形为两个或多个图形的重叠区域。应用"选择工具"将两个图形都选中，如图 2-33 所示，单击属性栏中的"相交"按钮，即可得到相交后的新图形，如图 2-34 所示。用户可以应用"选择工具"单独选中创建的新图形，调整其颜色或大小等，如图 2-35 所示。

图 2-33　　　　　　　　　　　图 2-34　　　　　　　　　　　图 2-35

📑 知识补充

本节介绍的对象修整效果，除了利用"选择工具"属性栏中的按钮来快速实现外，还可以执行"对象＞造型"菜单命令，在展开的子菜单中选择相应的修整命令，或者打开"造型"泊坞窗，在其中的下拉列表中选择修整效果。

2.3.4　简化对象

简化对象是指修剪对象中重叠的区域，使图形产生镂空效果。简化对象与修剪对象一样，不但可以用于矢量图形，也可以用于位图图像。应用"选择工具"选取要简化的图形，如图 2-36 所示。单击属性栏中的"简化"按钮 ，即可对对象进行简化，删除圆形与目标对象的重叠区域，如图 2-37 所示，将上方的圆形移开，查看简化后的效果，如图 2-38 所示。

图 2-36

图 2-37

图 2-38

2.3.5　移除对象

图形的修剪效果与图形的位置有很大的关系，因此，在修剪对象时，可以根据前后关系移除对象，创建不同的图形效果。CorelDRAW 中有"移除后面对象"和"移除前面对象"两种移除对象的方式，"移除后面对象"是用前面的图形剪去后面的图形，留下的图形与前面的图形属性相同；"移除前面对象"是用后面的图形剪去前面的图形，留下的图形与后面的图形属性相同。

应用"选择工具"选取要移除的图形，如图 2-39 所示，单击属性栏中的"移除后面对象"按钮 ，修剪后面的图形，效果如图 2-40 所示；单击"移除前面对象"按钮 ，修剪前面的图形，效果如图 2-41 所示。

图 2-39

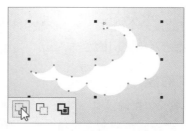

图 2-40

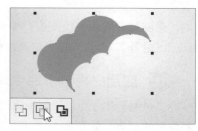

图 2-41

2.4 ｜ 复制、再制和删除对象

复制和再制对象是指对所选取的对象进行复制和变换，得到新的对象。CorelDRAW 提供了多种复制与再制对象的方式，可以通过执行菜单命令实现，也可以使用"变换"等泊坞窗进行设置。删除对象则是指将不需要的对象删除。

2.4.1　复制对象

CorelDRAW 提供了两种复制对象的方法：一种是应用"复制"命令，另一种是应用标准工具栏中的"复制"按钮。复制对象后，结合"粘贴"命令或"粘贴"按钮能够轻松创建相同的对象。

1 执行"复制"命令复制对象

使用"选择工具"选中需要复制的对象，如图 2-42 所示。执行"编辑>复制"菜单命令，复制选中的对象，如图 2-43 所示，将其放置到剪贴板上。

复制对象后，执行"编辑>粘贴"菜单命令，如图 2-44 所示，即可将复制的对象粘贴到绘图窗口中。默认情况下复制出的对象会与原对象重合在一起，此时可以用"选择工具"调整复制出的对象的位置，如图 2-45 所示。

图 2-42

图 2-43

图 2-44

图 2-45

2 应用标准工具栏复制对象

使用"选择工具"选取需要复制的对象，然后单击标准工具栏中的"复制"按钮，复制选中的对象，如图 2-46 所示，然后单击"粘贴"按钮，粘贴对象，如图 2-47 所示。

图 2-46

图 2-47

2.4.2 再制对象

再制对象可以在绘图窗口中直接放置一个副本，而不必使用剪贴板，速度比复制和粘贴快，而且可以沿着 X 轴和 Y 轴指定副本和原始对象之间的距离。

1 应用"再制"命令再制对象

"再制"命令可以根据设置的水平或垂直偏移值，再制一个相同的对象。应用"选择工具"选择要再制的对象，如图 2-48 所示，执行"编辑>再制"菜单命令，打开"再制偏移"对话框，在对话框中设置对象偏移的距离，如图 2-49 所示。

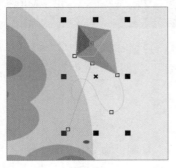
图 2-48

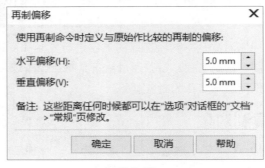
图 2-49

设置完成后单击对话框中的"确定"按钮，即可根据设置的偏移值再制一个对象副本，如图2-50所示。

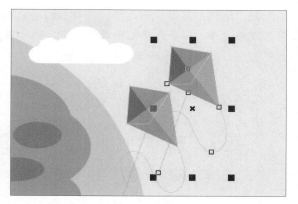

图 2-50

2 应用"变换"泊坞窗再制对象

除了使用"再制"命令外，还可以使用"变换"泊坞窗再制对象。先用"选择工具"选中要再制的对象，如图2-51所示，执行"窗口＞泊坞窗＞变换＞位置"菜单命令，打开"变换"泊坞窗，设置相应的偏移值后，在下方的"副本"数值框中输入要再制的对象数量，如图2-52所示。

图 2-51   图 2-52

输入后单击"应用"按钮，即可创建指定数量的对象副本，如图2-53所示。

图 2-53

2.4.3 在指定位置创建对象副本

在 CorelDRAW 中通过"步长和重复"泊坞窗可以同时创建多个对象副本，并指定它们的位置，而不必使用剪贴板。在"步长和重复"泊坞窗中，不但可以指定对象副本的间距，还可以设置创建的对象副本相互之间偏移的数值。如果要水平分布对象的副本，在垂直设置区域的模式框中选择"无偏移"，在水平设置区域的模式框中选择"对象之间的间距"，并在下方设置相应的数值。如果要垂直分布对象的副本，在水平设置区域的模式框中选择"无偏移"，在垂直设置区域的模式框中选择"对象之间的间距"，并在下方设置相应的数值。

用"选择工具"单击选择一个需要创建副本的对象，如图 2-54 所示。执行"编辑＞步长和重复"菜单命令，打开"步长和重复"泊坞窗，在泊坞窗中设置"距离"和"份数"，然后单击"应用"按钮，如图 2-55 所示。在指定位置创建对象副本的效果如图 2-56 所示。

图 2-54   图 2-55   图 2-56

2.4.4 删除对象

当不再需要某个对象时，可以将其删除。在 CorelDRAW 中删除对象的方法有 3 种：一种为使用"选择工具"选中要删除的对象，直接按 Delete 键；一种是通过执行"编辑＞删除"命令；还有一种是右击鼠标，在弹出的快捷菜单中选择"删除"命令。

用"选择工具"选中画面中的橙色彩蛋对象，如图 2-57 所示，右击鼠标，在弹出的快捷菜单中执行"删除"命令，如图 2-58 所示，删除选中的对象，效果如图 2-59 所示。

图 2-57   图 2-58   图 2-59

2.5 | 对象的群组与解组

群组和解组是针对多个对象的两种操作。用户可以通过群组的方法组合多个对象，方便后面同时对多个对象进行整体编辑；而解组则刚好相反，是将组合后的对象拆分为几个单独的对象，便于单独调整某个对象。

2.5.1 群组多个对象

在进行比较复杂的绘图编辑时，通常会有很多的图形对象，为了方便操作，可以使用"组合对象"命令将这些对象设定为一个群组。设定群组后的多个对象将被视为一个单位，但它们会保持各自的属性。

选择需要群组的多个对象，如图 2-60 所示，执行"对象＞组合＞组合对象"菜单命令，或者右击对象，在弹出的快捷菜单中执行"组合对象"菜单命令，如图 2-61 所示，此时可以同时选中并移动组合后的多个对象，如图 2-62 所示。

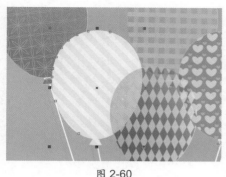
图 2-60

图 2-61

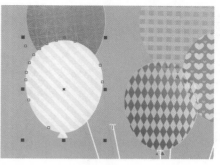
图 2-62

2.5.2 解散群组对象

在完成群组对象的编辑后，可以将群组对象解散。解散群组是指将群组的对象拆分为单个对象，有两种不同的类型：一种为取消组合的部分对象，另一种为取消组合的所有对象。

1 取消组合对象

取消组合对象可以将群组拆分为单个对象，或者将嵌套群组拆分为多个群组。

用"选择工具"单击选择对象，可看到被选中的图形外框有 8 个控制方块，说明该图形为群组状态，如图 2-63 所示。执行"对象>组合>取消组合对象"菜单命令，将选择的群组对象解组，如图 2-64 所示。

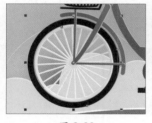
图 2-63

图 2-64

也可以单击属性栏中的"取消组合对象"按钮，如图 2-65 所示，解散群组，然后选中一个对象调整颜色，得到如图 2-66 所示的效果。

图 2-65

图 2-66

2 取消组合所有对象

取消组合所有对象可以将一个或多个群组拆分为单个对象，利用此方式可一次性解散嵌套群组中的所有对象。选取群组的图形，执行"对象>组合>取消组合所有对象"菜单命令，如图 2-67 所示，解散全部群组，效果如图 2-68 所示。

图 2-67

图 2-68

单击属性栏中的"取消组合所有对象"按钮 ![icon]，也可以达到同样效果，如图 2-69 所示。取消全部群组后，可以应用"选择工具"选取其中任意一个图形，对其单独进行编辑，如图 2-70 所示。

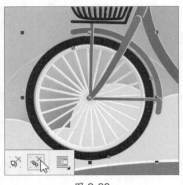

图 2-69   图 2-70

(📑) 知识补充

创建群组对象后，可以向群组中添加新的对象，也可以将群组中的某个对象移出。执行"窗口>泊坞窗>对象管理器"菜单命令，打开"对象管理器"泊坞窗，在泊坞窗中将对象拖入或拖出群组即可。

2.6 | 对象的锁定与解锁

锁定对象可以防止操作时无意中更改对象。可以锁定单个、多个或分组的对象，但是不能锁定链接的对象和群组中的对象、链接的群组等。如果要对锁定的对象做进一步的调整，则需要先解除锁定。可以一次解除锁定一个对象，也可以同时解除对所有锁定对象的锁定。

2.6.1 锁定对象

锁定对象是为了保护某些不需要编辑的对象不被修改。将对象锁定后，不能对该对象进行任何操作，如调整对象的位置、更改对象颜色等。

选中需要锁定的对象，如图 2-71 所示，执行"对象>锁定>锁定对象"菜单命令，或者右击鼠标，在弹出的快捷菜单中执行"锁定对象"命令，如图 2-72 所示，即可锁定选中的对象，如图 2-73 所示。此时对象周围的 8 个控制方块变为锁定图标。

图 2-71   图 2-72   图 2-73

2.6.2　解锁对象

解锁就是将锁定的对象恢复为可以自由编辑的状态。在 CorelDRAW 中既可以解除部分对象的锁定状态，也可以对所有锁定的对象进行解锁。用"选择工具"选中需要解锁的对象，执行"对象＞锁定＞解锁对象"菜单命令，或者执行"对象＞锁定＞对所有对象解锁"菜单命令，如图 2-74 所示，即可解锁对象。解除对象的锁定后，对象周围的锁定图标变为黑色方块，如图 2-75 所示。

图 2-74

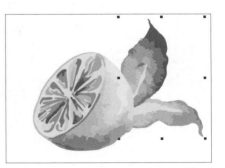

图 2-75

也可以右击锁定的对象，在弹出的快捷菜单中执行"解锁对象"菜单命令，如图 2-76 所示，将选定的对象解锁，如图 2-77 所示。通过"解锁对象"快捷菜单命令只能解除选定对象的锁定状态，此时可以对对象进行编辑，如图 2-78 所示为对解锁后的图形更改填充颜色后的效果。

图 2-76

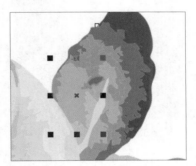

图 2-77

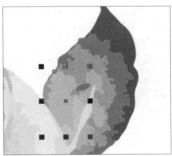

图 2-78

实例 1　制作简洁大方的餐厅图标

CorelDRAW具有强大的对象选择与编辑功能，本实例将应用图形绘制工具绘制简单的图形，然后对绘制的图形进行适当的修整操作，制作出简洁大方的图标，最终效果如图 2-79所示。

◎　**原始文件：** 无

◎　**最终文件：** 随书资源\02\源文件\制作简洁大方的餐厅图标.cdr

图 2-79

1　执行"文件＞新建"菜单命令，新建文件，双击工具箱中的"矩形工具"按钮□，如图 2-80 所示，创建一个与页面同等大小的矩形，如图 2-81 所示。

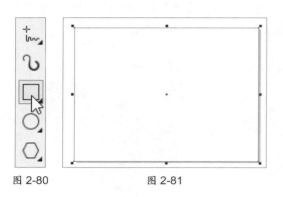

图 2-80　　　　　　　　图 2-81

2　选择"交互式填充工具"，单击属性栏中的"均匀填充"按钮■，设置填充颜色为 R221、G205、B175，如图 2-82 所示，为矩形填充颜色，效果如图 2-83 所示。

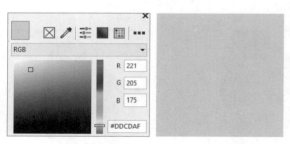

图 2-82　　　　　　　　图 2-83

3　单击工具箱中的"椭圆形工具"按钮○，按住 Ctrl 键不放，在矩形图形上单击并拖动，绘制一个正圆形，如图 2-84 所示。将绘制的图形颜色填充为 R70、G58、B38，并在属性栏中设置"轮廓宽度"为"无"，去除轮廓线，如图 2-85 所示。

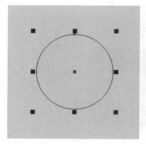

图 2-84　　　　　　　　图 2-85

4　单击"贝塞尔工具"按钮，在圆形上方绘制叉子图形轮廓，如图 2-86 所示。单击"默

认调色板"中的白色色块，将对象填充为白色后，在属性栏中设置"轮廓宽度"为"无"，去除轮廓线，如图 2-87 所示。

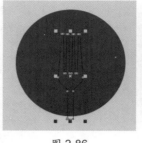

图 2-86　　　　　　　　图 2-87

5　单击"选择工具"按钮，按住 Shift 键依次单击，同时选中圆形和叉子图形，如图 2-88 所示。打开"对齐与分布"泊坞窗，单击"底端对齐"按钮，对齐选中对象，如图 2-89 所示。

图 2-88　　　　　　　　图 2-89

6　确认两个对象均为选中状态，单击属性栏中的"简化"按钮，如图 2-90 所示，修剪两个对象重叠的区域，使圆形产生镂空效果。应用"选择工具"选中中间重叠的区域，如图 2-91 所示。

图 2-90　　　　　　　　图 2-91

7　按下 Delete 键，删除选中的对象，如图 2-92 所示。再使用同样的方法绘制另外两个图形，绘制后的效果如图 2-93 所示。

图 2-92 图 2-93

图 2-95

8 应用"选择工具"同时选中 3 个图形，执行"对象＞对齐和分布＞在页面垂直居中"菜单命令，使对象在页面中垂直居中对齐，如图 2-94 所示。按下快捷键 Ctrl+G，将 3 个图形群组为一个对象。

10 单击"对齐与分布"泊坞窗中的"水平居中对齐"按钮，对齐对象，再按下快捷键 Ctrl+G，将对象编组，得到如图 2-96 所示的画面效果。

图 2-94

9 使用"文本工具"在群组对象下方输入相应的文字内容，按住 Shift 键不放，依次单击文字和图形，将它们同时选中，如图 2-95 所示。

图 2-96

实例 2　制作无缝背景图效果

很多矢量背景图的设计都会用到一些相同的元素，反复绘制这些元素会显得太过繁琐，在CorelDRAW中应用图像复制与再制功能就能轻松创建相同的图案效果，本实例将制作一个简单的无缝背景图，最终效果如图2-97所示。

◎ **原始文件：** 无
◎ **最终文件：** 随书资源\02\源文件\制作无缝背景图效果.cdr

图 2-97

1 执行"文件＞新建"菜单命令，新建一个宽度和高度为 200 mm 的文件，双击工具箱中的"矩形工具"按钮▢，如图 2-98 所示，创建一个与页面同等大小的矩形，如图 2-99 所示。

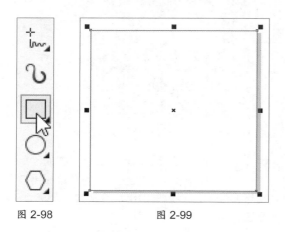

图 2-98　　　　　　　图 2-99

2 选择"交互式填充工具"，单击属性栏中的"均匀填充"按钮▣，为矩形填充合适的颜色，如粉色，如图 2-100 所示。设置"轮廓宽度"为"无"，去除轮廓线，效果如图 2-101 所示。

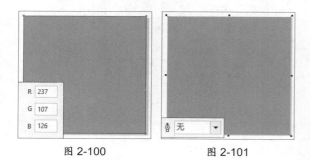

图 2-100　　　　　　　图 2-101

3 选择"矩形工具"，按住 Ctrl 键不放，在粉色背景上单击并拖动，绘制一个较小的正方形，如图 2-102 所示。

4 设置正方形的"轮廓宽度"为 1.5 mm、轮廓色为白色，得到如图 2-103 所示的图形效果。

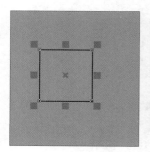
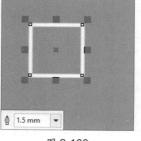

图 2-102　　　　　　　图 2-103

5 单击工具箱中的"选择工具"按钮▸，在属性栏中设置"旋转角度"为 45°，旋转图形，并将正方形的宽度与高度都设置为 30 mm，如图 2-104 所示。

6 执行"窗口＞泊坞窗＞变换＞大小"菜单命令，打开"变换"泊坞窗，在展开的"大小"选项卡中设置 X 和 Y 值均为 20 mm、"副本"为 1，单击"应用"按钮，如图 2-105 所示。

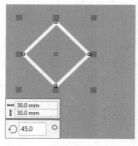

图 2-104　　　　　　　图 2-105

7 此时复制得到一个稍小的正方形图形，如图 2-106 所示，然后在"选择工具"属性栏中设置"旋转角度"为 0°，还原旋转的图形，如图 2-107 所示。

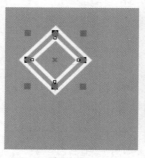
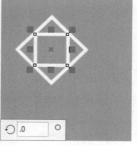

图 2-106　　　　　　　图 2-107

8 在"变换"泊坞窗中更改 X、Y 为 4 mm，设置后单击"应用"按钮，如图 2-108 所示，再次创建一个副本图形，如图 2-109 所示。

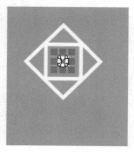

图 2-108　　　　　　　图 2-109

9 打开"默认 RGB 调色板",单击白色色块,如图 2-110 所示,将正方形填充为白色,设置"轮廓宽度"为"无",去除轮廓线,如图 2-111 所示。

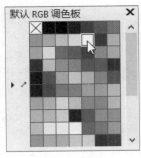 

图 2-110　　　　　　图 2-111

10 使用"选择工具"同时选取 3 个正方形图形,单击属性栏中的"组合对象"按钮,组合对象,如图 2-112 所示。

11 将组合后的对象移到粉色矩形左上角位置,如图 2-113 所示。

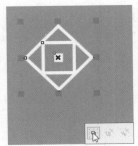 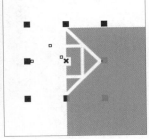

图 2-112　　　　　　图 2-113

技巧提示

应用"选择工具"选中对象后,可以按下键盘中的上、下、左、右方向键,进行对象的轻微移动操作。

12 打开"变换"泊坞窗,在泊坞窗中单击"位置"按钮,在展开的选项卡下输入 X 为 30 mm、"副本"为 7,设置后单击"应用"按钮,如图 2-114 所示,再制 7 个相同的图形,效果如图 2-115 所示。

图 2-114　　　　　　图 2-115

13 单击"选择工具"按钮,同时选中原图形和再制图形,单击属性栏中的"组合对象"按钮,将对象编组,如图 2-116 所示。

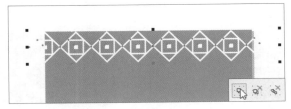

图 2-116

14 打开"变换"泊坞窗,在"位置"选项卡下输入 Y 为 -30 mm,位置定位于中下,"副本"为 6,设置后单击"应用"按钮,如图 2-117 所示。再制图形,填满粉色矩形,如图 2-118 所示。

 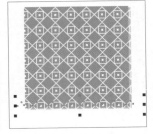

图 2-117　　　　　　图 2-118

15 应用"选择工具"选中画面中所有的白色矩形,单击属性栏中的"组合对象"按钮,将对象编组,如图 2-119 所示。

16 单击工具箱中的"多边形工具"按钮,在画面中绘制一个正五边形,并将图形填充为白色,如图 2-120 所示。

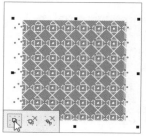

图 2-119

图 2-120

20 打开"变换"泊坞窗，在"位置"选项卡下设置 Y 为 -30 mm、"副本"为 5，设置后单击"应用"按钮，如图 2-126 所示，再制 5 个副本对象，如图 2-127 所示。

17 单击"变形工具"按钮 ，在属性栏中单击"预设"下拉按钮，在展开的下拉列表中选择"推角"选项，如图 2-121 所示，将五边形转换为花朵图案，如图 2-122 所示。

图 2-126

图 2-127

图 2-121

图 2-122

21 应用"选择工具"选中最上面一排花朵对象，在"变换"泊坞窗中将位置更改为中上，然后设置 Y 为 30 mm、"副本"为 1，单击"应用"按钮，如图 2-128 所示，再制对象，如图 2-129 所示。

18 打开"变换"泊坞窗，在"位置"选项卡下设置 X 为 30 mm、"副本"为 6，然后单击"应用"按钮，如图 2-123 所示。根据设置再制 6 个花朵对象副本，如图 2-124 所示。

图 2-128

图 2-129

图 2-123

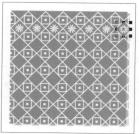

图 2-124

22 最后单击工具箱中的"裁剪工具"按钮 ，在画面中绘制一个裁剪框，并在属性栏中设置选项，调整裁剪框的大小和位置，如图 2-130 所示，确认无误后按下 Enter 键，裁剪图形，得到如图 2-131 所示的效果。

19 应用"选择工具"选中所有花朵对象，执行"对象>组合>组合对象"菜单命令，组合对象，如图 2-125 所示。

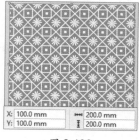

图 2-130

图 2-131

图 2-125

实例 3 　修整对象制作花朵图案

修整对象可以将简单的对象复杂化，以创建外形更为独特的图形效果。本实例即应用"椭圆形工具"等绘图工具绘制简单的图形，通过再制图形创建多个副本对象，再组合这些副本对象，制作出漂亮的花朵及装饰图形，最终效果如图2-132所示。

◎ **原始文件：** 无
◎ **最终文件：** 随书资源\02\源文件\修整对象制作花朵图案.cdr

图 2-132

1 新建一个空白文档，如图 2-133 所示，选择"椭圆形工具"，在画面中绘制椭圆图形，如图 2-134 所示。

图 2-133

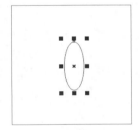

图 2-134

2 打开"变换"泊坞窗，单击"旋转"按钮↻，在展开的选项卡下设置"旋转角度"为 30°、"副本"为 11，单击"应用"按钮，如图 2-135 所示，复制多个图形，如图 2-136 所示。

图 2-135

图 2-136

3 单击"选择工具"按钮，在绘图窗口中单击并拖动，框选所有对象，如图 2-137 所示。单击属性栏中的"合并"按钮🔁，合并对象，得到新的花朵图形，如图 2-138 所示。

图 2-137

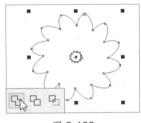

图 2-138

4 打开"默认 RGB 调色板"，单击"浅橘红"色块，如图 2-139 所示，为组合后的对象填充新的颜色，如图 2-140 所示。

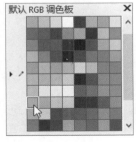

图 2-139

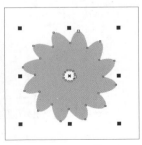

图 2-140

5 选择"椭圆形工具",在制作好的花朵图形中间位置绘制一个椭圆图形,如图 2-141 所示。

6 按下快捷键 Ctrl+C,复制图形,再按下快捷键 Ctrl+V,粘贴图形,并将复制出的图形适当缩小一些,如图 2-142 所示。

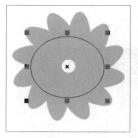

图 2-141

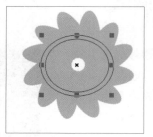

图 2-142

7 应用"选择工具"同时选中两个椭圆形,单击属性栏中的"修剪"按钮,修剪对象,如图 2-143 所示,为修剪后的对象填充合适的颜色,如图 2-144 所示。

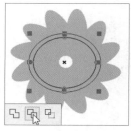

图 2-143

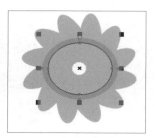

图 2-144

8 继续使用"交互式填充工具"为中间的椭圆形对象填充颜色,填充效果如图 2-145 所示,然后去除对象的轮廓线,得到如图 2-146 所示的效果。

图 2-145

图 2-146

9 选择"基本形状工具",在页面中绘制心形图形,并为所绘制的图形填充颜色,如图 2-147 所示。

10 使用"贝塞尔工具"在页面中绘制一个叶子轮廓,如图 2-148 所示。

图 2-147

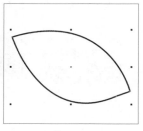

图 2-148

11 复制该图形,单击"水平镜像"按钮,镜像图形,再适当调整图形位置,如图 2-149 所示。

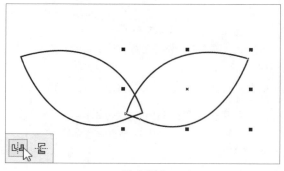

图 2-149

12 应用"选择工具"选中两个叶子图形,执行"对象>对齐和分布>顶端对齐"菜单命令,对齐对象,如图 2-150 所示。

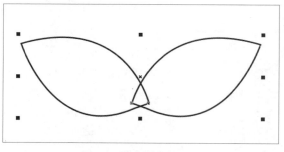

图 2-150

13 确保叶子图形为选中状态,单击属性栏中的"合并"按钮,合并图形,如图 2-151 所示。为合并后的新图形填充合适的颜色,如图 2-152 所示。

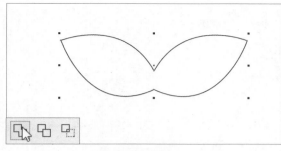

图 2-151

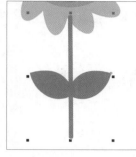

图 2-153

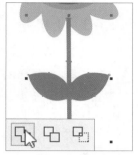

图 2-154

15 使用相同的方法绘制出更多的花朵图形，然后添加合适的文字，最终效果如图 2-155 所示。

图 2-152

14 使用"矩形工具"绘制出花朵的枝干部分，选中枝干和叶子对象，如图 2-153 所示，单击"合并"按钮🔲，得到新的对象，如图 2-154 所示。

图 2-155

2.7 本章小结

本章主要讲解了对象的基本操作，包括选择和变换对象、对象的对齐与分布、修整对象、锁定和群组对象等知识。读者通过学习能够掌握更多与对象相关的操作技巧，并且通过应用所学知识能够完成一些简单的对象的编辑与设置。

2.8 课后练习

1. 填空题

（1）对象的对齐方式有_____、_____、_____、_____、_____、_____6种。

（2）要将选择的对象合并为一个对象，可以单击属性栏中的_____按钮。

（3）群组对象的快捷键是_____。

2. 问答题

（1）如何快速选择单个或多个对象？

（2）使用对象的分布功能能实现什么效果？

（3）如何使用快捷键调整对象的对齐方式？

3. 上机题

（1）通过修整对象，制作可爱花朵插图，如图2-156所示。

（2）使用再制对象的方法创建多个相同大小、属性的图形，制作抽象的矢量背景图，效果如图2-157所示。

图 2-156

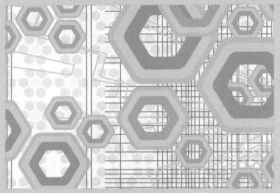

图 2-157

读书笔记

基础图形的绘制

第3章

CorelDRAW为用户提供了很多的绘图工具，包括"矩形工具""椭圆形工具""星形工具"及"箭头工具"等，应用这些工具可以完成各种不同形状的图形的绘制，还可以通过设置每个工具所对应的属性栏，控制绘制图形的效果。

3.1 绘制矩形和正方形

在 CorelDRAW 中可以自由绘制矩形和正方形，既可通过"矩形工具"沿对角线拖动鼠标进行绘制，也可使用"3 点矩形工具"指定宽度和高度来绘制。

3.1.1 矩形工具

"矩形工具"顾名思义就是用来绘制矩形图形的工具。应用"矩形工具"还可以绘制带有圆角、扇形角或倒棱角的矩形或正方形，并且可以利用工具属性栏单独修改各个角，或将更改应用到所有角。单击工具箱中的"矩形工具"按钮，就会显示相关的工具属性，通过调整这些属性，可控制绘制出的矩形的效果。

1 绘制任意矩形

在工具箱中单击"矩形工具"按钮□，在绘图页面中拖动鼠标，如图 3-1 所示，直至矩形达到所需大小，释放鼠标，完成矩形绘制，如图 3-2 所示。

绘制矩形图形后，可以为它填充合适的颜色，如图 3-3 所示，也可以在属性栏中调整图形的轮廓线宽度，突出图形轮廓，如图 3-4 所示。

图 3-1

图 3-2

图 3-3

图 3-4

2 绘制正方形

应用"矩形工具"不但可以沿对角线创建矩形图形，也可以绘制正方形。在工具箱中单击"矩形工具"按钮□，按住 Ctrl 键不放，同时在绘图页面中拖动鼠标，如图 3-5 所示，释放鼠标，绘制出正方形，如图 3-6 所示。

图 3-5

图 3-6

3 绘制带有圆角、扇形角或倒棱角的矩形

应用"矩形工具"绘制矩形或正方形后，如果要将图形的直角转换为圆角、扇形角或倒棱角的效果，可以单击选中矩形或正方形，如图 3-7 所示，然后单击属性栏中的"圆角""扇形角"或"倒棱角"按钮。单击"圆角"按钮 ◻，将产生弯曲的角；单击"扇形角"按钮 ◻，可将角替换为弧形凹口；单击"倒棱角"按钮 ◻，可将角替换为直棱。选择角形状后，在"转角半径"区域输入相应的值，输入后按下 Enter 键即可将图形转换为相应的效果。图 3-8 ～图 3-10 分别展示了设置"转角半径"为 10 mm 时，单击不同的按钮得到的矩形效果。

图 3-7

图 3-8

图 3-9

图 3-10

3.1.2 3 点矩形工具

应用"3 点矩形工具"也可以绘制矩形图形，但与使用"矩形工具"绘制矩形的方法有较大的差异，"3 点矩形工具"主要通过指定高度和宽度绘制矩形。

单击工具箱中"矩形工具"右下角的三角形按钮，在展开的工具栏中单击选择"3 点矩形工具"，然后在绘图页面中按住鼠标左键并拖动以绘制宽度线，如图 3-11 所示。然后释放鼠标，并移动鼠标指针绘制高度线，如图 3-12 所示。确定高度后单击即完成矩形绘制，绘制后可以为图形填充颜色，效果如图 3-13 所示。

图 3-11

图 3-12

图 3-13

> 📋 **知识补充**
>
> 应用"3 点矩形工具"绘制矩形时，若要将基线角度限制为预设的增量，也就是通常所说的"限制角度"，需要在拖动时按住 Ctrl 键。如果需要调整矩形的大小，则可以在属性栏的对象大小框中键入相应的值。

3.2 绘制椭圆形、圆形、弧形和饼形

在 CoreIDRAW 中，圆形图形主要通过椭圆工具组中的"椭圆形工具"和"3 点椭圆工具"绘制。通过单击"椭圆形工具"并拖动鼠标即可绘制椭圆形或圆形，"3 点椭圆工具"则是通过指定宽度和高度绘制椭圆形。用这些工具还能绘制出弧形和饼形。

3.2.1 椭圆形工具

使用"椭圆形工具"可以绘制椭圆形或圆形，也可以将绘制的椭圆形或圆形更改为弧形或饼形。应用"椭圆形工具"绘制图形时，还可以在属性栏中更改所绘制的新对象的默认属性，创建更符合需要的图形效果。

1 绘制椭圆形

在工具箱中单击"椭圆形工具"按钮○，然后在绘图页面中单击并拖动鼠标，如图 3-14 所示，直至椭圆达到所需大小，释放鼠标，即可根据拖动的轨迹创建椭圆形图形，如图 3-15 所示。

图 3-14

图 3-15

2 绘制圆形

若要使用"椭圆形工具"绘制正圆形，在工具箱中单击"椭圆形工具"按钮○，按住 Ctrl 键，然后在绘图页面中单击并拖动鼠标，如图 3-16 所示，直至圆形达到所需大小，释放鼠标，绘制正圆形，如图 3-17 所示。

图 3-16

图 3-17

3 绘制饼形

在工具箱中单击"椭圆形工具"按钮○，单击属性栏的"饼图"按钮○，在绘图页面中单击并拖动鼠标，如图 3-18 所示，直至达到所需效果，如图 3-19 所示。单击属性栏上的"更改方向"按钮○，可以改变绘制的饼形的方向。

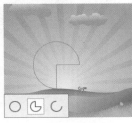

图 3-18

图 3-19

4 绘制弧形

要绘制弧形图形，在工具箱中单击"椭圆形工具"按钮○，然后单击属性栏上的"弧"按钮○，在绘图页面中单击并拖动鼠标，如图 3-20 所示，直至弧形达到所需效果，释放鼠标即可得到弧形，如图 3-21 所示。

图 3-20

图 3-21

3.2.2　3 点椭圆形工具

"3 点椭圆形工具"也适用于绘制圆形、饼形等图形，不同的是，"3 点椭圆形工具"是通过指定宽度和高度的方式创建椭圆形图形。单击工具箱中的"3 点椭圆形工具"按钮 ，在绘图页面中单击并拖动鼠标，以所需角度绘制椭圆形的中心线，这条中心线将横穿椭圆形中心，并且决定椭圆形的宽度，如图 3-22 所示。确定椭圆形宽度后，移动鼠标指针定义椭圆形的高度，如图 3-23 所示。最后单击鼠标即可创建椭圆形图形，如图 3-24 所示。

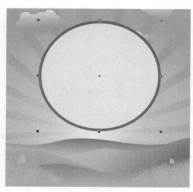

图 3-22　　　　　　　　　　　图 3-23　　　　　　　　　　　图 3-24

3.3　绘制多边形和星形

CorelDRAW 可以绘制多边形、完美星形和复杂星形。其中完美星形是指具有传统星形外观特征的星形，可以对整个星形图形应用填充；而复杂星形各边会相交，并且产生留白的区域。

3.3.1　多边形工具

"多边形工具"可以绘制出具有多条边的图形，在绘制时只需要在属性栏中对"点数或边数"进行设置，就可以在绘图页面中创建相应边数的多边形图形。

单击工具箱中的"多边形工具"按钮 ，此时在属性栏中默认的多边形边数为 5，在绘图页面中单击并拖动鼠标，如图 3-25 所示，图形达到所需大小后释放鼠标，完成多边形图形的创建，如图 3-26 所示；如果要绘制其他边数的多边形，可在属性栏中更改边数值。设置边数为 15 时，得到的图形效果如图 3-27 所示。

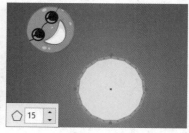

图 3-25　　　　　　　　　　　图 3-26　　　　　　　　　　　图 3-27

3.3.2 星形工具

"星形工具"主要用于绘制星形图形。默认情况下绘制的图形为规则的五角星，可以在属性栏中设置绘制图形的边数和锐度。锐度指角的平滑程度，数值越大，得到的星角就越尖锐。

单击工具箱中的"星形工具"按钮☆，在绘图页面中单击并拖动鼠标，如图 3-28 所示，即可根据拖动轨迹创建星形图形，如图 3-29 所示。绘制星形后，如果需要更改其形状，可以在属性栏中更改属性选项，再按下 Enter 键，即可创建不同效果的星形，如图 3-30 所示。

  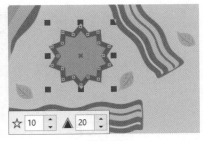

图 3-28　　　　　　　　　　图 3-29　　　　　　　　　　图 3-30

3.3.3 复杂星形工具

"复杂星形工具"用于绘制带有交叉边的星形图形，应用该工具绘制的星形图形中间会留出空白区域，用户可以应用形状工具移动和变换星形，创建形态各异的星形效果。

单击工具箱中的"复杂星形工具"按钮✿，在属性栏中设置要绘制的星形的边数和锐度，如图 3-31 所示，在绘图页面中单击并拖动鼠标至合适大小，如图 3-32 所示，即可根据设置的属性创建复杂星形图形，如图 3-33 所示。

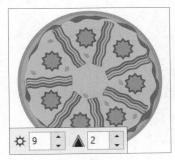  

图 3-31　　　　　　　　　　图 3-32　　　　　　　　　　图 3-33

3.4　绘制图纸和螺纹

应用 CorelDRAW 提供的"图纸工具"和"螺纹工具"可以绘制不同造型的表格和螺纹图形。在绘制图形时，可以结合属性栏中的选项设置，控制所绘制的图形的外观效果。

3.4.1 图纸工具

"图纸工具"用于绘制表格图形。使用"图纸工具"绘制的表格与使用表格工具绘制的表格有所不同，应用"图纸工具"绘制的表格可以通过执行解组命令后选取单元格，并对单元格进行移动、填充等操作，而应用表格工具创建的表格在解组后为多根单一的线条，而不是单元格或矩形图形。

单击工具箱中的"图纸工具"按钮▦，在属性栏中设置要创建表格的行数和列数，然后在绘图页面中单击并拖动，如图 3-34 所示，绘制的表格如图 3-35 所示。绘制表格后单击属性栏中的"取消群组"按钮，拆分表格，使用"选择工具"选择其中一个单元格，为其填充不同的颜色，效果如图 3-36 所示。

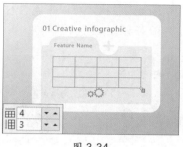

图 3-34

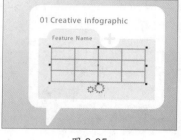

图 3-35

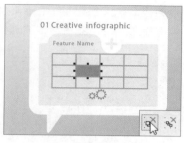

图 3-36

3.4.2 螺纹工具

螺纹工具主要用于绘制旋转的线条图形，创建旋涡效果。使用"螺纹工具"绘制图形时，可以在属性栏中设置螺纹类型、螺纹回圈和螺纹扩展值。单击工具箱中的"螺纹工具"按钮◉，然后在绘图页面中单击并拖动，即可创建螺纹图形。

1 调整螺纹回圈绘制图形

"螺纹回圈"用于设置新的螺纹对象中要显示的完整的圆形回圈，数值越大，产生的完整的圆形圈数越多，螺纹效果越明显。如图 3-37 和图 3-38 所示分别为设置"螺纹回圈"值为 4 和 20 时绘制的螺纹图形。

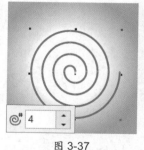

图 3-37

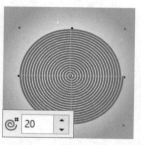

图 3-38

2 绘制不同类型的螺纹效果

"螺纹工具"属性栏提供了两种螺纹类型，分别为"对称式螺纹"和"对数螺纹"。"对称式螺纹"均匀扩展，因此每个回圈之间的距离相等，效果如图 3-39 所示；"对数螺纹"扩展时，回圈之间的距离不断增大，效果如图 3-40 所示。

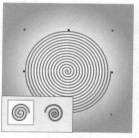

图 3-39

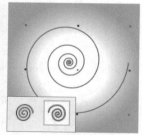

图 3-40

3 绘制不同样式的对数螺纹效果

属性栏中的"螺纹扩展参数"指的是螺纹之间的距离，也就是向外扩散的明显程度，设置的数值越大，产生的螺纹越稀疏，数值越小，产生的螺纹越密集。"螺纹扩展参数"只对对数螺纹有效。如图 3-41 和图 3-42 所示分别为设置"螺纹扩展参数"为 15 和 50 时绘制的螺纹图形。

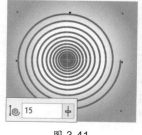

图 3-41

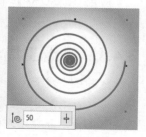

图 3-42

技巧提示

应用"螺纹工具"绘制图形时，拖动鼠标时按住Shift键，可从中心向外绘制螺纹；拖动鼠标时按住Ctrl键，可以绘制具有均匀水平尺度和垂直尺度的螺纹。

3.5 │ 绘制预定义形状

在 CorelDRAW 中可以使用基本形状工具组中的工具绘制预定义形状，包括"基本形状工具""箭头形状工具""流程图形状工具""标题形状工具"和"标注形状工具"，应用这 5 个工具可以完成基本形状、箭头形状、流程图形状、标题形状和标注形状等图形的绘制。

3.5.1 基本形状工具

"基本形状工具"可绘制多种常见的形状，如梯形、笑脸、心形等。选择该工具后，在属性栏的"完美形状"挑选器中单击图形按钮，就可以在绘图页面中绘制相应图形。

单击工具箱中的"基本形状工具"按钮，单击工具属性栏中"完美形状"右下角的三角形按钮，打开"完美形状"挑选器，这里需要绘制一个心形，因此单击其中的心形图形，如图 3-43 所示，然后在页面合适的位置单击并拖动鼠标绘制图形，如图 3-44 所示，得到的图形效果如图 3-45 所示。

图 3-43

图 3-44

图 3-45

绘制图形后，可以应用工具箱中的"交互式填充工具"为绘制的图形填充渐变颜色，填充后的效果如图 3-46 所示。还可以重新设置图形的边框和轮廓，如图 3-47 所示，复制并调整图形位置，更改填充颜色后，得到的画面效果如图 3-48 所示。

图 3-46

图 3-47

图 3-48

3.5.2　箭头形状工具

　　"箭头形状工具"通常用于绘制各种类型的箭头。用户可以在"完美形状"挑选器中选择相应的箭头图形来绘制，并对绘制的箭头图形填充颜色，还可以对绘制的箭头轮廓进行设置和编辑，创建更复杂的箭头图形。

　　单击工具箱中的"箭头形状工具"按钮⇨，单击工具属性栏中"完美形状"右下角的三角形按钮，在打开的"完美形状"挑选器中单击选择要绘制的箭头图形，如图 3-49 所示，然后在绘图页面中单击并拖动鼠标，绘制图形，如图 3-50 所示，绘制的图形效果如图 3-51 所示。

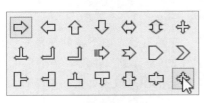

图 3-49

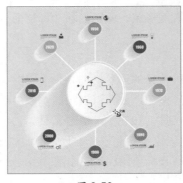

图 3-50

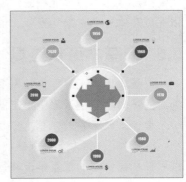

图 3-51

3.5.3　流程图形状工具

　　"流程图形状工具"主要用于绘制流程图中的相关图形。单击工具箱中的"流程图形状工具"按钮🐚，然后在属性栏中打开"完美形状"挑选器，如图 3-52 所示，在其中选择要绘制的形状，在绘图页面中单击并拖动鼠标绘制图形，如图 3-53 所示。在"完美形状"挑选器中选择另外的形状，应用同样的方法绘制。如图 3-54 所示为应用"流程图形状工具"绘制出的相同的图形效果。

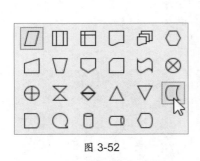

图 3-52

图 3-53

图 3-54

3.5.4　标题形状工具

　　标题形状的作用是通过一定形状的底色来突出要表现的重点对象。在 CorelDRAW 中应用"标题形状工具"可以绘制出多种丝带对象和爆发形状效果。打开需要绘制图形的文档，单击工具箱中的"标题形状工具"按钮🐦，在属性栏中的"完美形状"挑选器中选择所需形状，选择后在文档中单击并拖动，如图 3-55 所示，即可绘制出相应的标题形状，如图 3-56 所示。调整绘制图形的顺序，得到如图 3-57 所示的强调效果。

图 3-55

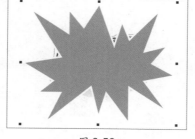

图 3-56

图 3-57

3.5.5　标注形状工具

标注图形用于对说明文字起指示和引导作用。选择工具箱中的"标注形状工具"，在其属性栏中打开"完美形状"挑选器，选择标注图形的类型，如图 3-58 所示，在绘图页面中单击并拖动鼠标，绘制图形，如图 3-59 所示，对图形应用填充，效果如图 3-60 所示。

图 3-58

图 3-59

图 3-60

3.6　绘制线条

线条是两个点之间的路径，它可以由多条线段组成，可以是曲线也可以是直线。线段通过节点连接，而节点则以小方块表示。CorelDRAW 提供了多种绘制线条的工具，应用这些工具可以绘制曲线和直线，以及同时包含曲线段和直线段的线条。

3.6.1　手绘工具

"手绘工具"用于绘制任意的曲线，就好像使用传统画笔绘制一样，并且可以控制正在绘制的曲线的平滑度及在现有线条中添加线段。

1　绘制开放的曲线

"手绘工具"属性栏中的"手绘平滑"选项用于控制创建手绘曲线时曲线的平滑度，设置的参数越大，所绘制的曲线越平滑。如图 3-61 所示，选择"手绘工具"，在属性栏中设置"手绘平滑"值为 10，然后应用"手绘工具"在图上拖动，绘制线条效果，此时可以看到线条中的节点较多，线条不平滑；将"手绘平滑"值更改为 50 后，再使用"手绘工具"进行绘制，可以看到在线条上生成的节点较少，得到比较平滑的线条，如图 3-62 所示。

图 3-61

图 3-62

2 绘制闭合的图形

应用"手绘工具"绘制的图形通常以单根线条存在，如果要为它填充颜色，则需要将其转换为封闭的曲线。"手绘工具"属性栏中的"闭合曲线"按钮可以结合或分离曲线的末端节点。应用"手绘工具"绘制一条开放的曲线路径，如图 3-63 所示，绘制后单击"闭合曲线"按钮，即可获得封闭的图形效果，如图 3-64 所示。

图 3-63

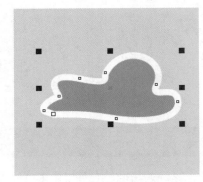

图 3-64

3.6.2　2 点线工具

在 CorelDRAW 中可以使用"2 点线工具"绘制直线，并且还可创建与对象垂直或相切的直线。选中工具箱中的"2 点线工具"，将鼠标指针移到要开始绘制线条的地方，如图 3-65 所示，然后拖动鼠标到终点位置，如图 3-66 所示，释放鼠标后，即可绘制出一条直线，如图 3-67 所示。绘制时，在状态栏中会显示线段的长度和角度。

图 3-65

图 3-66

图 3-67

3.6.3 贝塞尔工具

"贝塞尔工具"是常用的绘制线条的工具之一，多用于比较复杂的图形的绘制。应用"贝塞尔工具"绘制线条时可以精确放置曲线上的每个节点，并且可以边绘制边拖动节点来调整曲线的弯曲程度。

单击工具箱中的"贝塞尔工具"按钮✍，在绘图页面中单击确定线条的起点，如图 3-68 所示，然后在另外的位置单击并拖动鼠标，形成弯曲的线条，如图 3-69 所示，此时若要转换曲线绘制的方式，可以双击曲线节点，如图 3-70 所示。

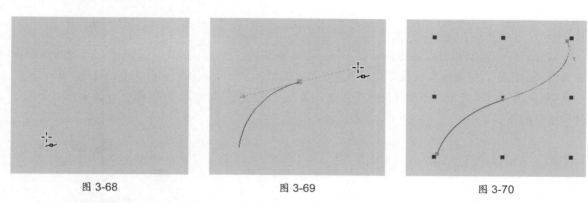

图 3-68   图 3-69   图 3-70

应用相同的方法，绘制更多流畅的线条，绘制效果如图 3-71 所示。若要将曲线创建为封闭的图形，则将鼠标指针移到曲线的起点位置，当鼠标指针变为✎形时，单击并拖动即可，如图 3-72 所示，创建曲线图形后，可以使用填充工具为绘制的图形填充颜色。如图 3-73 所示即为应用"贝塞尔工具"绘制出的图形。

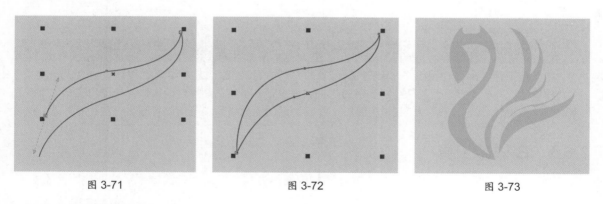

图 3-71   图 3-72   图 3-73

3.6.4 钢笔工具

应用"钢笔工具"可以绘制出水平、垂直或弯曲的线条及不规则的图形，绘制完成后需要按下 Ctrl 键并单击空白区域，才能绘制新的线条或图形。使用"钢笔工具"绘制弯曲的图形时，可以通过拖动鼠标来调整曲线的走向，并预览图形效果。

单击工具箱中的"钢笔工具"按钮✎，在需要绘制的线条的起点位置单击，如图 3-74 所示，然后在另一位置单击并拖动鼠标，即可在两个节点之间创建弯曲的线条，继续使用"钢笔工具"在画面中单击并拖动，绘制出更多线条，如图 3-75 所示。与"贝塞尔工具"不同的是，使用"钢笔工具"绘制线条时，若要转换节点方向，需要按住 Alt 键不放，当鼠标指针变为✎形状时单击路径上的节点，如图 3-76 所示。

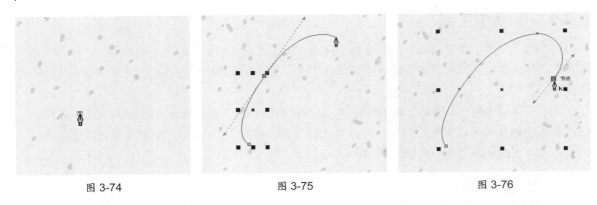

图 3-74   图 3-75   图 3-76

结合曲线的绘制和节点的转换设置，可以创建更复杂的线条，如图 3-77 所示。若要将线条设置为封闭的图形，将鼠标指针移至起始节点位置，当鼠标指针变为 ₀。形状时，单击并拖动即可，如图 3-78 所示。对于绘制的图形，同样可以为其填充合适的颜色，如图 3-79 所示即为应用"钢笔工具"绘制的图形效果。

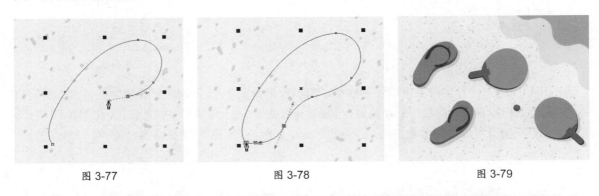

图 3-77   图 3-78   图 3-79

> **知识补充**
>
> "钢笔工具"属性栏提供了"预览模式"和"自动添加或删除节点"两个按钮。单击"预览模式"按钮 ，应用"钢笔工具"绘制图形时，可以预览下一步绘制图形时的效果；单击"自动添加或删除节点"按钮 ，可以应用"钢笔工具" 在绘制好的图形中添加节点或者删除已创建的节点。

3.6.5　B 样条工具

使用"B 样条工具"能够通过单击并拖动构成曲线形状的控制点来绘制平滑的曲线，而不需要分成若干线段来绘制，多用于绘制较为圆润的图形。

❶　绘制开放的曲线

选择工具箱中的"B 样条工具"，在绘图页面中单击确定线条的起点，然后在需要变向的位置单击并拖动，就可以看到一条曲线轨道，如图 3-80 所示。在曲线旁边会显示 3 个控制点，用于控制曲线的弯曲度。达到满意的效果后双击鼠标即可完成曲线的编辑，如图 3-81 所示。

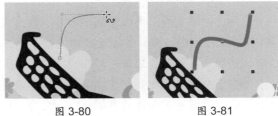

图 3-80   图 3-81

2 绘制封闭图形

应用"B 样条工具"绘制曲线后,将鼠标指针移至曲线的起点位置,鼠标指针会变为 形,如图 3-82 所示,单击鼠标即可结束绘制并封闭图形。如图 3-83 所示为使用"B 样条工具"绘制的花朵图案。

图 3-82　　　　　　　　图 3-83

3.6.6　折线工具

在 CorelDRAW 中,应用"折线工具"可以绘制各种直线段、曲线与各种形状的复杂图形。与"钢笔工具"不同的是,使用"折线工具"可以像使用"手绘工具"一样按住鼠标左键并拖动绘制出所需的曲线,也可以通过单击两个不同位置得到一条直线段。而"钢笔工具"只能通过单击并移动或单击并拖动来绘制直线段、曲线及各种形状的图形。使用"折线工具"绘制时可以自动在曲线上添加锚点,同时按住 Ctrl 键还可以调整锚点的位置,以达到更改曲线形状的目的。

1 绘制曲线

如果要绘制曲线,在要开始绘制线段的位置单击,然后按住鼠标左键并拖动,如图 3-84 所示,当拖动到合适的位置后,双击鼠标即完成曲线的绘制,如图 3-85 所示为绘制的曲线效果。

2 绘制直线

如果要绘制直线,则在要开始绘制的位置单击,然后在要结束绘制的位置单击,此时在两点之间就出现一条直线,如图 3-86 所示,通过连续单击能够绘制更多的直线,如图 3-87 所示。

图 3-84　　　　　　图 3-85　　　　　　图 3-86　　　　　　图 3-87

技巧提示

若要对创建的曲线图形进行调整,可以应用"形状工具"来完成。应用"形状工具"选中图形上的节点,再单击属性栏中的相应按钮,就可以调整曲线节点形状、转换曲线与直线等。

3.6.7　3 点曲线工具

"3 点曲线工具"是通过 3 个点来构筑图形的,此工具创建的是开放的曲线对象。应用"3 点曲线工具"能够比较轻松地绘制出各种曲线,并且在绘制时能更准确地确定曲线的弯曲程度和方向。若使用"3 点曲线工具"创建弧形,可以不用控制切点就完成绘制。

单击工具箱中的"3 点曲线工具"按钮 ,在画面中开始绘制曲线的位置单击,然后拖动鼠标至要结束的位置,如图 3-88 所示,释放鼠标,并将鼠标指针移至希望的曲线中点位置,如图 3-89 所示,单击确认中点位置,即可创建曲线,如图 3-90 所示。

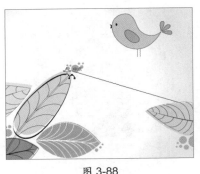 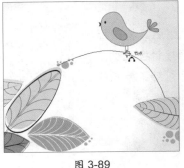 

图 3-88　　　　　　　　　　图 3-89　　　　　　　　　　图 3-90

3.6.8　智能绘图工具

"智能绘图工具"相当于"手绘工具"，能够自动识别许多形状，如圆形、矩形、箭头、菱形等。"智能绘图工具"能对自由的手绘线条重新组织优化，通过自动平滑和修饰曲线，快速、流畅地完成图形的绘制。

单击工具箱中的"智能绘图工具"按钮⚁，将鼠标指针移至需要绘制图形的位置，如图 3-91 所示。然后单击并拖动鼠标，绘制出近似圆形的轨迹，当拖动至起点位置时释放鼠标，如图 3-92 所示，即可根据鼠标指针的移动轨迹自动创建闭合的标准圆形，如图 3-93 所示。

图 3-91　　　　　　　　　　图 3-92　　　　　　　　　　图 3-93

3.6.9　艺术笔工具

"艺术笔工具"可以使用手绘笔触添加艺术笔刷、喷射和书法效果，所绘制线条的粗细会随着线条的方向和笔头的角度而产生一定的变化。在"艺术笔工具"的属性栏中可以调整艺术笔的类型、画笔的宽度等，绘制出更符合要求的图案。

1　选择不同艺术笔类型绘制

"艺术笔工具"属性栏提供了 5 种艺术笔，分别为"预设""笔刷""喷涂""书法"和"压力"。"预设"画笔是系统默认的艺术笔效果，它使用预设矢量形状来绘制曲线，绘制的线条具有圆滑的笔触效果，如图 3-94 所示；"笔刷"画笔可以模拟常用的画笔笔触，在"笔触笔刷"列表中预设了多种笔触效果，也可以根据颜色和笔触形状来区别不同的笔触效果，如图 3-95 所示即为使用"笔刷"画笔绘制的效果。

图 3-94　　　　　　　　　　　　　　　　　　图 3-95

"喷涂"画笔则是应用各种图形在绘制的路径中形成排列的效果，如图 3-96 所示为单击"喷涂"按钮后，选择相应的喷射图样绘制的图形效果；"书法"画笔是模拟毛笔的绘制效果，形成的线条有特殊的厚度和边缘，如图 3-97 所示即为使用"书法"画笔绘制的效果；"压力"画笔与系统默认的"预设"效果类似，同样也可绘制出圆滑的笔触效果，如图 3-98 所示。

图 3-96　　　　　　　　　　图 3-97　　　　　　　　　　图 3-98

2　以不同的宽度绘制

通过"艺术笔工具"属性栏中的"笔触宽度"可以控制绘画时画笔笔触的宽度，设置的宽度值越大，艺术笔触效果越明显。如图 3-99 和图 3-100 所示分别为设置不同"笔触宽度"时绘制的线条效果。

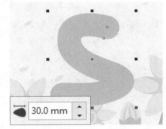

图 3-99　　　　　　　　　　图 3-100

实例 1　绘制抽象背景图

本实例学习绘制抽象背景图，先使用"矩形工具"绘制矩形背景，定义背景图的整体风格，再结合"B样条工具"和"艺术笔工具"绘制藤蔓、叶片等对象，最后添加心形等图案，修饰画面效果，最终效果如图3-101所示。

◎　**原始文件：** 无

◎　**最终文件：** 随书资源\03\源文件\绘制抽象背景图.cdr

图 3-101

1 执行"文件＞新建"菜单命令，创建一个空白文档，应用"矩形工具"□绘制一个和页面相同大小的矩形，如图 3-102 所示。

图 3-102

2 单击工具箱中的"交互式填充工具"按钮◇，在属性栏中单击"渐变填充"按钮，再单击"线性渐变填充"按钮，为图形填充渐变颜色，如图 3-103 所示。

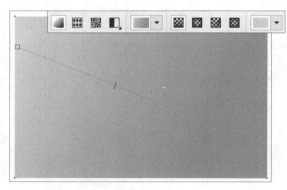

图 3-103

3 单击工具箱中的"B 样条工具"按钮，在图中绘制曲线图形，如图 3-104 所示。

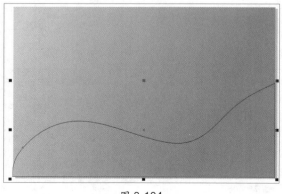

图 3-104

4 单击工具箱中的"交互式填充工具"按钮◇，在属性栏中单击"渐变填充"按钮，再单击"椭圆形渐变填充"按钮，为所绘制的图形填充渐变颜色效果，并去除轮廓线，如图 3-105 所示。

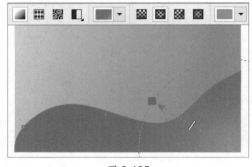

图 3-105

5 单击工具箱中的"艺术笔工具"按钮，在属性栏中单击"预设"按钮，设置"笔触宽度"为 11 mm，然后单击"默认 RGB 调色板"中的白色色标，在页面中拖动鼠标，绘制白色的曲线图形，如图 3-106 所示。

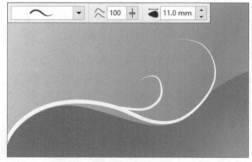

图 3-106

6 在"艺术笔工具"属性栏中更改"笔触宽度"为 3 mm，继续绘制更多的曲线图形，如图 3-107 所示。

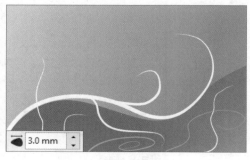

图 3-107

7 单击"B 样条工具"按钮，在图中单击并拖动鼠标，绘制出树叶形状，如图 3-108 所示，单击"默认 RGB 调色板"中的白色色标，将绘制的图形填充为白色，并去除轮廓线，如图 3-109 所示。

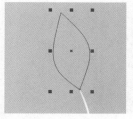
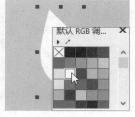

图 3-108　　　　　图 3-109

技巧提示

如果工作界面中未显示"默认RGB调色板"，可以执行"窗口＞调色板＞默认RGB调色板"菜单命令，调用该调色板，使其显示在工作界面之中。

8 复制多个树叶图形，并调整图形的大小和位置，将图形放置在曲线的端点处，并更改部分图形的颜色，如图 3-110 所示。

图 3-110

9 单击"椭圆形工具"按钮，按住 Ctrl 键，在图中单击并拖动鼠标，绘制出多个大小不等的正圆形，并为所有的圆形填充白色，去除轮廓，效果如图 3-111 所示。

图 3-111

10 单击"基本形状工具"按钮，在"完美形状"挑选器中单击选择心形，如图 3-112 所示。在图中适当的位置绘制出心形图形，如图 3-113 所示。

图 3-112　　　　　图 3-113

11 单击"交互式填充工具"按钮，单击属性栏中的"均匀填充"按钮，为图形填充和背景相近的颜色，并去除轮廓，如图 3-114 所示。

图 3-114

12 选取并复制心形图形，将图形的颜色调整为较浅的粉红色，然后调整图形的大小和角度，如图 3-115 所示，完成本实例的制作。

图 3-115

实例 2　绘制椰树图形

本实例首先使用"折线工具"在画面中绘制多个不规则四边形，组合成放射状的背景，然后使用"钢笔工具"在背景中绘制出椰树图案，并在树枝上绘制出椰果图形，最终效果如图3-116所示。

图 3-116

◎ **原始文件：** 无
◎ **最终文件：** 随书资源\03\源文件\绘制椰树图形.cdr

1 创建一个横向 A4 尺寸的空白页面，双击工具箱中的"矩形工具"按钮□，绘制一个与页面同等大小的矩形，并为矩形填充上合适的颜色，如蓝色，如图 3-117 所示。

图 3-117

2 单击工具箱中的"折线工具"按钮⌂，在蓝色矩形上连续单击，绘制不规则的四边形轮廓，如图 3-118 所示，然后为绘制的图形填充深一些的蓝色，如图 3-119 所示。

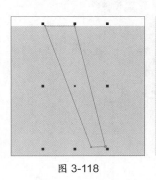

图 3-118 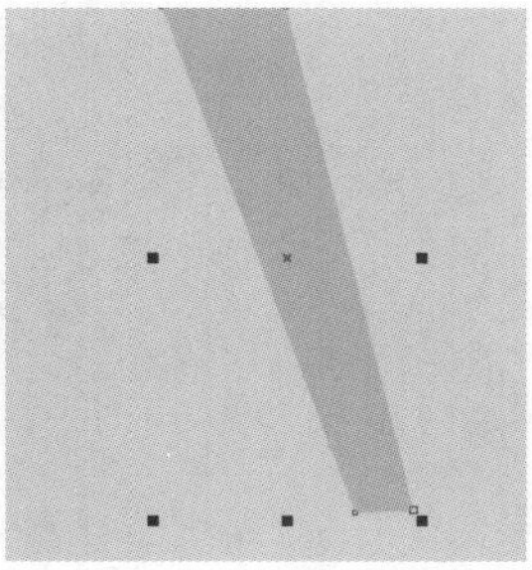　　　　图 3-119

3 继续使用"折线工具"绘制更多的不规则四边形，并为这些图形填充相同的颜色，得到如图 3-120 所示的放射状图形效果。

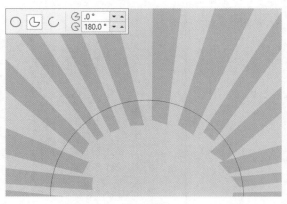

图 3-120

4 单击工具箱中的"椭圆形工具"按钮○，在属性栏中单击"饼图"按钮⌒，设置起始和结束角度为 0 和 180°，然后在画面中单击并拖动，创建一个半圆图形，如图 3-121 所示。

图 3-121

5 单击工具箱中的"交互式填充工具"按钮 ，在属性栏中单击"渐变填充"按钮 ，再单击"椭圆形渐变填充"按钮 ，为绘制的半圆形填充渐变效果，如图 3-122 所示。

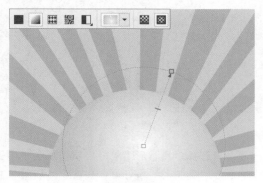

图 3-122

6 单击工具箱中的"钢笔工具"按钮，在图形上方绘制出树叶轮廓，如图 3-123 所示。

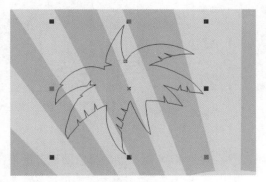

图 3-123

7 单击"交互式填充工具"按钮 ，单击"渐变填充"按钮 ，并设置合适的渐变颜色，为绘制的树叶填充渐变颜色，填充后的效果如图 3-124 所示。

图 3-124

8 继续使用"钢笔工具"在已绘制的树叶中间位置绘制其他树叶图形，如图 3-125 所示。为绘制的图形填充渐变颜色，如图 3-126 所示。

图 3-125　　图 3-126

9 继续使用"钢笔工具"绘制出更多的树叶图形，并为图形填充上合适的颜色，如图 3-127 所示。

图 3-127

10 应用"钢笔工具" 绘制椰树的树干部分，如图 3-128 所示。使用"交互式填充工具"为绘制的树干填充渐变颜色，如图 3-129 所示。

图 3-128　　图 3-129

11 为让树干显得更逼真，再使用"钢笔工具"在树干上绘制纹理图形，如图 3-130 所示，然后单击"默认 RGB 调色板"中的黑色色标，将图形填充为黑色，如图 3-131 所示。

图 3-130

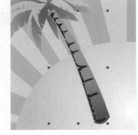

图 3-131

12 单击 "透明度工具" 按钮 🖾，在属性栏中单击 "均匀透明度" 按钮 🖳，设置透明度为 71，调整图形的透明效果，如图 3-132 所示。

13 应用 "选择工具" 同时选中树干和纹理部分，按下快捷键 Ctrl+C，复制树干和纹理对象，按下快捷键 Ctrl+V，粘贴对象，如图 3-133 所示。

图 3-132

图 3-133

14 单击属性栏中的 "水平镜像" 按钮 🖳，创建水平镜像的图形效果，如图 3-134 所示，然后将复制的树干调整至合适的大小，如图 3-135 所示。

图 3-134

图 3-135

15 选择 "钢笔工具"，继续在椰树下方绘制草丛图形，并为绘制的图形填充合适的颜色，如图 3-136 所示。

图 3-136

16 选择 "椭圆形工具"，单击属性栏中的 "椭圆形" 按钮 🔘，按住 Ctrl 键单击并拖动，在椰树上绘制正圆形的椰果，如图 3-137 所示，然后为其填充渐变颜色，如图 3-138 所示。

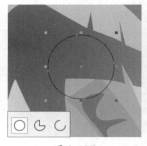

图 3-137

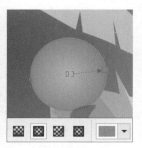

图 3-138

17 将步骤 16 所绘制的椰果图形变换至合适大小，然后复制多个图形，放置于页面中的合适位置，完成本实例的制作，最终效果如图 3-139 所示。

图 3-139

实例 3 绘制潮流香槟杯

　　本实例先运用"贝塞尔工具"绘制出背景图像，然后使用"钢笔工具"在制作好的背景中添加时尚的香槟杯图形，最终效果如图3-140所示。

◎ **原始文件：** 无

◎ **最终文件：** 随书资源\03\源文件\绘制潮流香槟杯.cdr

图 3-140

1 执行"文件>新建"菜单命令，新建文件，双击工具箱中的"矩形工具"按钮□，创建一个与页面同等大小的矩形，再选择"多边形工具"，在属性栏中设置工具选项后，在矩形左侧绘制一个三角形，如图3-141 所示。

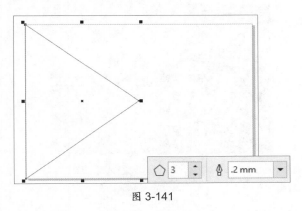

图 3-141

2 在工具箱中选择"交互式填充工具"，在属性栏中单击"渐变填充"按钮▥，设置填充颜色为 R221、G181、B66，为图形填充渐变，效果如图 3-142 所示。

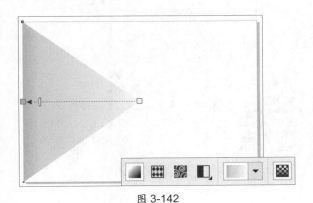

图 3-142

3 应用"选择工具"选中图形，执行"编辑>复制"菜单命令复制对象，再执行"编辑>粘贴"菜单命令粘贴对象，单击属性栏中的"水平镜像"按钮▥，创建镜像的图形效果，如图3-143所示。

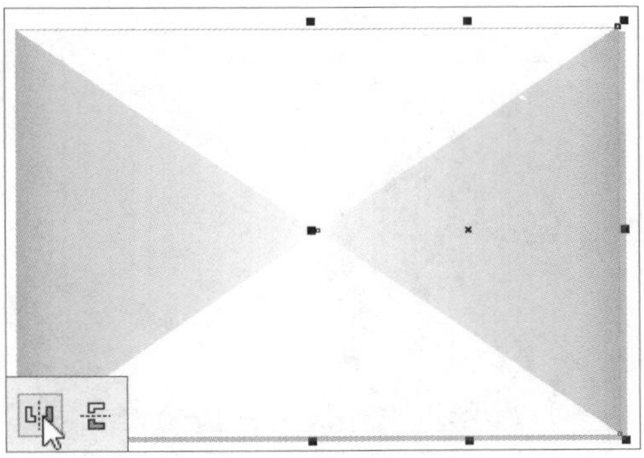

图 3-143

4 继续使用同样的方法，在页面上方和下方再制作两个三角形图形，填充整个背景部分，效果如图 3-144 所示。

图 3-144

5 单击"贝塞尔工具"按钮 ✍，在页面中单击
并拖动，绘制出不规则的图形，如图 3-145
所示。

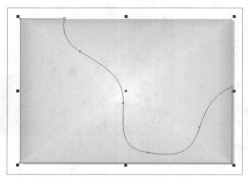

图 3-145

6 单击工具箱中的"交互式填充工具"按钮 ◈，
在属性栏中单击"渐变填充"按钮 ■，再单
击"线性渐变填充"按钮 ▦，为绘制的图形填充
渐变效果，如图 3-146 所示。

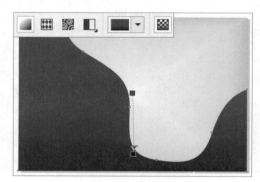

图 3-146

7 使用"贝塞尔工具"在页面中绘制另一形状
轮廓，如图 3-147 所示。选择"交互式填充
工具"，在属性栏中设置填充选项，为绘制的图
形填充不同的颜色效果，如图 3-148 所示。

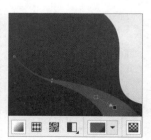

图 3-147　　　　　图 3-148

8 继续结合"贝塞尔工具"和"交互式填充工
具"在页面中绘制更多图形，并填充上合适
的颜色，完成背景的制作，效果如图 3-149 所示。

图 3-149

9 选择"钢笔工具"，在背景上方绘制一个杯
子图形，选择"交互式填充工具"，为绘制
的杯子填充灰色渐变效果，如图 3-150 所示。

图 3-150

10 选中杯子图形，在属性栏中设置"轮廓
宽度"为"无"，去除轮廓线条，如图
3-151 所示。

11 选择"钢笔工具"，在杯子右侧绘制一
个不规则图形，如图 3-152 所示。

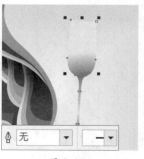
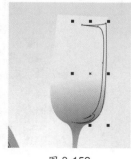

图 3-151　　　　　图 3-152

12 选择"交互式填充工具",为图形填充
渐变颜色,如图 3-153 所示。继续使用
同样的方法绘制更多杯子细节及杯中饮料,绘制
后的效果如图 3-154 所示。

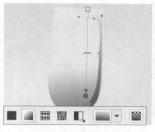
图 3-153

图 3-154

13 接着绘制饮料中的气泡效果。选择"椭
圆形工具",按住 Ctrl 键不放,单击并
拖动鼠标,绘制正圆形,如图 3-155 所示。为圆
形填充颜色并去除轮廓,效果如图 3-156 所示。

图 3-155

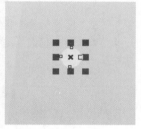
图 3-156

14 使用"椭圆形工具"绘制更多的气泡图
形,如图 3-157 所示。绘制完成后选中
杯子及气泡等对象,按下快捷键 Ctrl+G,将对象
编组,如图 3-158 所示。

图 3-157

图 3-158

15 复制编组后的对象,单击属性栏中的"水
平镜像"按钮,创建镜像对象,并移
至合适的位置,效果如图 3-159 所示。

图 3-159

实例 4 绘制绚丽星光图案

应用"星形工具"可以绘制出不同边数的星光
图案。本实例运用"星形工具"分别在页面中绘制
出星形图形,然后通过为其填充丰富的色彩,制作
出绚丽的星光背景,如图3-160所示为原图,如图
3-161所示为绘制星光后的效果。

◎ **原始文件:** 随书资源\03\素材\01.cdr
◎ **最终文件:** 随书资源\03\源文件\绘制
绚丽星光图案.cdr

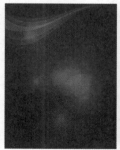

图 3-160

图 3-161

1 执行"文件>新建"菜单命令,新建文件,
单击工具箱中的"星形工具"按钮☆,在
属性栏中设置"点数或边数"为 5,"锐化"为
40,在画面中绘制五角星形,如图 3-162 所示。

2 执行"编辑>复制"菜单命令,复制星形图
形,再执行"编辑>粘贴"菜单命令,粘贴
复制的图形,然后应用编辑框适当缩小图形,如
图 3-163 所示。

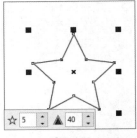

图 3-162

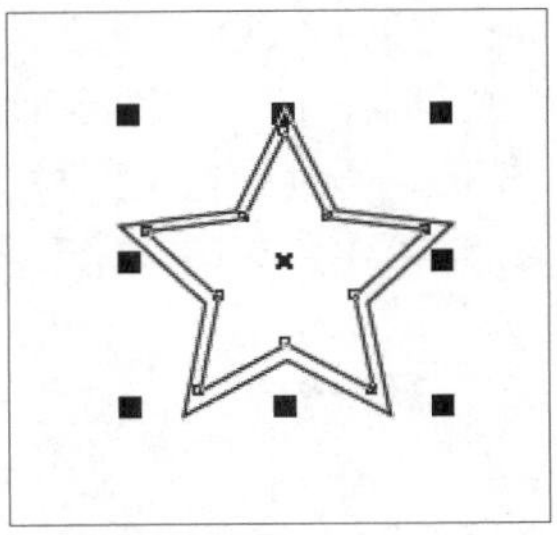

图 3-163

技巧提示

对于已经绘制好的星形图形，如果要更改它的边数和锐度，可以选中星形图形，然后在属性栏中修改参数数值，即可快速更改其外观效果。

3 应用"选择工具"框选两个星形图案，如图 3-164 所示，单击属性栏中的"修剪"按钮，修剪图形，如图 3-165 所示。

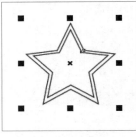

图 3-164

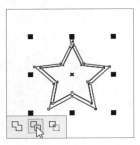

图 3-165

4 选择"交互式填充工具"，单击属性栏中的"渐变填充"按钮，再单击"椭圆形渐变填充"按钮，并设置渐变颜色，为中间的星形填充颜色，如图 3-166 所示。

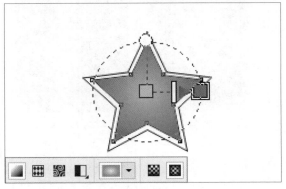

图 3-166

5 应用"选择工具"选择外侧星形边框部分，选择"交互式填充工具"为图形填充渐变颜色，如图 3-167 所示。

6 选中中间的星形图案，复制图形，并将图形缩小至合适大小，然后结合"交互式填充工具"更改图形的填充颜色，如图 3-168 所示。

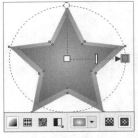

图 3-167

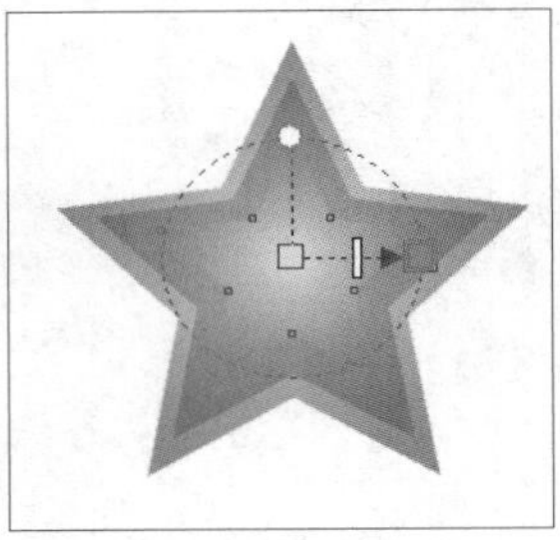

图 3-168

7 继续使用同样的方法制作出更多的五角星形，如图 3-169 所示。

8 在"星形工具"属性栏中设置"点数或边数"为 4，在画面中绘制四角星形，如图 3-170 所示。

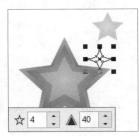

图 3-169

图 3-170

9 选择"变形工具"，单击属性栏中的"预设"下拉按钮，在展开的下拉列表中选择"拉角"选项，如图 3-171 所示，设置"推拉振幅"为 50，变换图形，如图 3-172 所示。

图 3-171

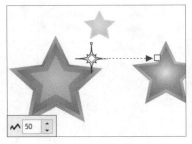

图 3-172

10 打开"默认 RGB 调色板",单击调色板中的"深黄"色标,如图 3-173 所示,将图形填充为深黄色,如图 3-174 所示。

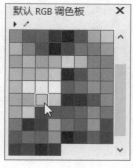

图 3-173　　　　　　图 3-174

11 复制多个填充后的星形图形,分别将这些星形图形移至不同的位置,并调整到合适的大小,得到群星效果,如图 3-175 所示。

12 单击"矩形工具"按钮□,在群星上方绘制一个矩形轮廓,如图 3-176 所示。

图 3-175　　　　　　图 3-176

13 选择"交互式填充工具",单击属性栏中的"渐变填充"按钮▨,再单击"线性渐变填充"按钮,并设置渐变颜色,为矩形填充渐变颜色,如图 3-177 所示。

图 3-177

14 使用"矩形工具"绘制一个垂直的矩形图形,如图 3-178 所示,选择"交互式填充工具",为绘制的矩形填充合适的渐变颜色,填充后的效果如图 3-179 所示。

图 3-178　　　　　　图 3-179

15 复制多条垂直的线条图形,然后根据需要分别调整其长短,得到如图 3-180 所示的效果。最后执行"文件＞导入"菜单命令,导入背景素材 01.cdr,完成本实例的制作,如图 3-181 所示。

图 3-180　　　　　　图 3-181

3.7 | 本章小结

本章主要讲解 CorelDRAW 中图形的绘制,包括圆形、矩形、多边形等一些比较规则的图形的绘制,以及复杂星形、流程图、标注图形等复杂图形的绘制。读者通过学习,了解了不同工具的特性及使用方法,在具体的绘制过程中,可以参照本章所讲解的知识,根据每种工具的主要特点,选出最适合的工具,轻松完成不同风格图形的绘制。

3.8 课后练习

1. 填空题

（1）在绘制矩形的同时按下＿＿＿＿键，可以绘制正方形；如果同时按下＿＿＿＿键，可以绘制出以起点为中心的矩形；如果按下＿＿＿＿键，可以绘制以起点为中心的正方形。

（2）绘制好多边形后，属性栏会＿＿＿＿，调整这些参数即可改变多边形的属性。

（3）"螺纹工具"绘制的螺纹分为＿＿＿＿和＿＿＿＿两种。

（4）选中需要编辑的对象后，单击＿＿＿＿按钮可以将其转换为曲线。

（5）"智能绘图工具"能够自动＿＿＿＿、最小化完美图形等，并且能够自动识别＿＿＿＿、＿＿＿＿、＿＿＿＿和＿＿＿＿。

2. 问答题

（1）如何设置星形的边数和锐度？

（2）怎样在绘制图形时对其应用颜色和轮廓线条？

（3）"艺术笔工具"有几种类型？

（4）"箭头形状工具"提供了多少种预设图形？

3. 上机题

（1）绘制粉色抽象蝴蝶戏花插画，效果如图3-182所示。

（2）绘制时尚潮流插画，效果如图3-183所示。

图 3-182

图 3-183

图形的填充与轮廓设置

图形的填充与轮廓设置是绘制图形时非常重要的操作。图形的填充主要是应用填充工具为图形填充纯色、渐变色或图案。而图形轮廓则应用轮廓笔或轮廓属性进行设置，以突出或弱化对象的轮廓线条。

4.1　图形的填充

图形的填充是指为图形填充不同的内容，CorelDRAW 提供了纯色填充、渐变填充、图样填充、底纹填充和 PostScript 填充 5 种填充方式，通过应用这些填充方式，能够将颜色、图案、纹理及其他内容填充到选定的图形中。

4.1.1　纯色填充

纯色填充是指为对象填充单一的颜色，可以使用调色板、"对象属性"泊坞窗或"颜色泊坞窗"为对象填充纯色。

1　应用调色板填充纯色

CorelDRAW 提供了多种调色板，应用这些调色板可以轻松为绘制的图形填充指定的颜色。用"选择工具"选中需要填充纯色的图形，如图 4-1 所示，然后单击调色板中的颜色色标，如图 4-2 所示。单击后即可应用单击的色标颜色填充选中的图形，填充后的效果如图 4-3 所示。

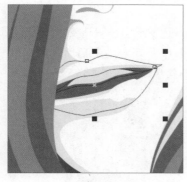
图 4-1

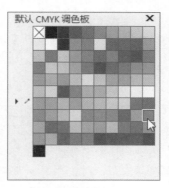
图 4-2

图 4-3

2　应用"对象属性"填充纯色

"对象属性"泊坞窗提供了多种填充方式。执行"对象＞对象属性"菜单命令，即可打开"对象属性"泊坞窗，单击"填充"按钮，然后单击下方的"均匀填充"按钮■以选择填充方式，并在下方设置需要填充的颜色，如图 4-4 所示，设置后即可为图形填充指定的颜色，效果如图 4-5 所示。

图 4-4

图 4-5

77

3 使用"颜色泊坞窗"填充纯色

要为图形填充纯色效果，也可以使用"颜色泊坞窗"来实现。选中要进行颜色填充的图形，执行"窗口＞泊坞窗＞彩色"菜单命令，打开"颜色泊坞窗"，如图4-6所示，在泊坞窗中单击或输入要填充的颜色，设置后单击"填充"按钮，即可为选中图形填充设置的颜色，如图4-7所示。

在"颜色泊坞窗"中设置颜色后，若要为图形轮廓线应用纯色填充，则单击泊坞窗右下方的"轮廓"按钮，如图4-8所示，填充效果如图4-9所示。

图 4-6

图 4-7

图 4-8

图 4-9

技巧提示

如果想要在均匀填充中混合颜色，按住Ctrl键不放，然后单击调色板中的其他颜色即可。

4.1.2 渐变填充

渐变填充可以给对象增加深度感，它用两种或多种颜色的平滑渐变来填充图形。在为对象填充渐变颜色时，可以从"填充挑选器"中选择预设的填充颜色进行填充，也可以通过自定义渐变颜色来填充图形。

1 使用"对象属性"填充图形

在CorelDRAW中，应用"对象属性"泊坞窗中的"渐变填充"功能可以轻松为图形填充指定的渐变颜色。使用"选择工具"选中需要填充渐变颜色的图形，如图4-10所示。打开"对象属性"泊坞窗，单击"填充"选项组中的"渐变填充"按钮▦，即可展开"渐变填充"选项卡，如图4-11所示。

在"渐变填充"选项卡中设置渐变填充类型、渐变颜色，如图4-12所示。设置后所选对象就会被填充为相应的颜色，如图4-13所示。

图 4-12

图 4-13

2 选择渐变填充的类型

CorelDRAW提供了4种类型的渐变填充效果，分别为线性渐变填充、椭圆形渐变填充、圆锥形渐变填充和矩形渐变填充。线性渐变填

图 4-10

图 4-11

充沿着对象作直线流动，如图 4-14 所示；椭圆形渐变填充从对象中心以同心椭圆的方式向外扩散，如图 4-15 所示；圆锥形渐变填充产生光线落在圆锥上的效果，如图 4-16 所示；矩形渐变填充则以同心矩形的形式从对象中心向外扩散，如图 4-17 所示。

图 4-14

图 4-15

图 4-16

图 4-17

3 设置颜色频带控制填充颜色

利用颜色频带可以设置渐变起始节点、结束节点及其他所有节点的颜色。单击颜色频带上需要重新设置颜色的节点，再单击下方"节点颜色"旁边的倒三角形按钮，即可打开"节点颜色"挑选器，在这里就可以设置节点颜色，如图 4-18 所示。设置后图形的填充颜色也会随之发生改变，如图 4-19 所示。

图 4-18

图 4-19

知识补充

应用颜色频带下方的"节点透明度"选项可以指定选定颜色节点的透明度，设置的参数越大，节点越接近于透明。

在颜色频带中还可以根据需要添加新的颜色节点，将鼠标指针移到需要添加节点的位置，如图 4-20 所示，双击鼠标后即可在该位置添加一个新的节点，如图 4-21 所示。对于新添加的节点，同样可以使用"节点颜色"挑选器更改其颜色及透明度等。

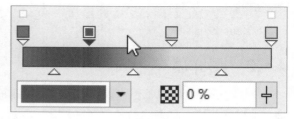
图 4-20

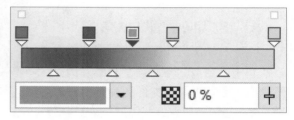
图 4-21

技巧提示

对于颜色频带中已有的节点，通过拖动该节点或者在"节点位置"数值框中输入参数，可更改节点的位置；也可双击节点，将颜色频带中多余的节点删除。

4 填充预设渐变

在为对象填充渐变颜色时，如果觉得设置颜色太过麻烦，也可以应用预设的渐变颜色填充图形。CorelDRAW 提供了多种预设的渐变，应用这些预设渐变可以快速为图形填充颜色丰富的渐变效果。

应用"选择工具"选中需要填充预设渐变的图形，单击"对象属性"泊坞窗中"填充挑选器"右侧的倒三角形按钮，如图 4-22 所示，打开填充挑选器，然后单击其中某个预设渐变的缩览图，如图 4-23 所示。

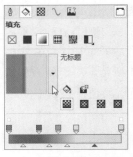

图 4-22　　　　　　　　　图 4-23

单击缩览图后，在弹出的面板中单击"应用"按钮，即可应用选择的预设渐变填充选中的对象，如图 4-24 所示。

图 4-24

4.1.3　图样填充

在 CorelDRAW 中不但可以为图形填充指定的颜色或渐变色，还可以为对象填充图案。填充图案分为向量图样、位图图样和双色图样 3 种，每种填充方式都预设了多个填充图案，用户可以直接应用这些图案进行填充，也可以用绘制的图形或导入的图像来创建填充图案，得到更丰富的填充效果。

1　应用向量图样填充

向量图样是比较复杂的矢量图形，可以由线条和填充组成。与双色图样不同的是，向量图样为全色填充，填充的图形可以有彩色或透明背景。选中需要填充的图形，如图 4-25 所示，单击"对象属性"泊坞窗中的"填充"按钮◈，然后单击下方的"向量图样填充"按钮▦，如图 4-26 所示。

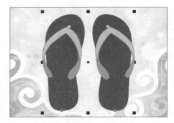

图 4-25

图 4-27

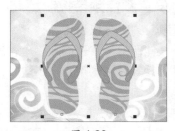

图 4-28

> **知识补充**
>
> 在对图形应用向量图样填充时，除了可以应用系统预设的图案来填充外，也可以载入新的图案进行填充。在"填充挑选器"中单击下方的"浏览"按钮，在打开的对话框中选取需要应用于填充的图案，然后单击"打开"按钮，即可应用所选图案填充图形。

2　应用位图图样填充

位图图样是位图图像，其复杂性取决于位图的大小、分辨率等。用"选择工具"选中需要填充的图形，如图 4-29 所示，单击"对象属性"泊坞窗中的"位图图样填充"按钮▨，如图 4-30 所示。

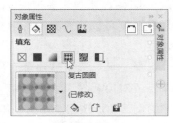

图 4-26

打开"填充挑选器"，然后单击其中一个图案缩览图，如图 4-27 所示，在弹出的面板中单击"应用"按钮，即可应用该图案填充图形，如图 4-28 所示。

图 4-29　　　　　　图 4-30

打开"填充挑选器"，单击其中一个图案缩览图，在弹出的面板中单击"应用"按钮，如图 4-31 所示，就可以对选中图形应用该图案填充，填充后的效果如图 4-32 所示。

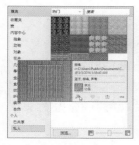

图 4-31　　　　　　图 4-32

3　应用双色图样填充

双色图样仅包括选定的两种颜色，即前景色和背景色。应用"选择工具"选中要填充的对象，如图 4-33 所示，执行"对象＞对象属性"

菜单命令，在打开的"对象属性"泊坞窗中单击"填充"按钮，再单击"双色图样填充"按钮，如图 4-34 所示。

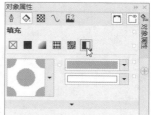

图 4-33　　　　　　图 4-34

打开"填充挑选器"，单击选择一种填充图案，然后单击"前景颜色"和"背景颜色"，从弹出的"前景颜色挑选器"和"背景颜色挑选器"中单击选择颜色，如图 4-35 所示。设置后即可为所选图形填充双色图案效果，效果如图 4-36 所示。

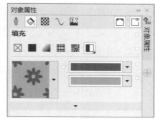

图 4-35　　　　　　图 4-36

4.1.4　底纹填充

底纹填充是随机生成的填充，可赋予对象自然的外观。CorelDRAW 提供了预设的填充底纹，如水、矿物质和云等，用户可以将这些底纹快速应用于所选的图形，也可以通过编辑预设自定义填充底纹。底纹填充只能包含 RGB 颜色，但可以将其他颜色模型和调色板作为参考来选择颜色。

应用"选择工具"选中要应用底纹填充的对象，如图 4-37 所示，打开"对象属性"泊坞窗，在"填充"选项卡下单击"双色图样填充"右下角的黑色三角形按钮，在展开的工具栏中单击"底纹填充"按钮，如图 4-38 所示，显示底纹填充选项，从"底纹库"下拉列表框中选择一个底纹库，再从"填充挑选器"中选择一种底纹即可，如图 4-39 所示，填充底纹后的效果如图 4-40 所示。

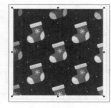

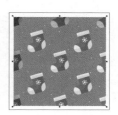

图 4-37　　　　　　图 4-38　　　　　　图 4-39　　　　　　图 4-40

　　CorelDRAW 也允许用户对预设的底纹加以修改，创建更丰富的底纹填充效果。在"对象属性"泊坞窗中单击"底纹填充"按钮，单击下方的"编辑填充"按钮，如图 4-41 所示，即可打开"编辑填充"对话框，在对话框中可对底纹的密度、亮度等进行设置，如图 4-42 所示，设置后单击"确定"按钮，即可应用编辑后的底纹填充对象，效果如图 4-43 所示。

图 4-41

图 4-42

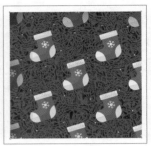

图 4-43

4.1.5　PostScript 填充

　　PostScript 填充是使用 PostScript 语言设计的特殊的纹理填充。PostScript 填充大多较为复杂，因此，包含 PostScript 填充的对象在打印或屏幕刷新显示时有可能需要花费较长的时间，甚至有可能不显示填充的图案，而显示为字母"PS"，这主要取决于所应用的视图方式。应用 PostScript 填充时，可以更改填充图案大小、线宽、底纹的前景色和背景色中出现的灰色量等参数，达到更理想的填充效果。

　　选择一个对象，如图 4-44 所示，执行"对象＞对象属性"菜单命令，在打开的"对象属性"泊坞窗中单击"双色图样填充"按钮右下角的黑色三角形按钮，然后单击"PostScript 填充"按钮，如图 4-45 所示，显示 PostScript 填充选项，从"PostScript 填充底纹"下拉列表框中选择一种填充图案，如图 4-46 所示，填充后的效果如图 4-47 所示。

图 4-44

图 4-45

图 4-46

图 4-47

> **知识补充**
>
> 　　为对象填充了 PostScript 图案后，如果对象中只显示平铺的"PS"字母，可以执行"视图＞增强"菜单命令，恢复 PostScript 图案的正常显示。

　　与"底纹填充"一样，用户也可以应用"编辑填充"对话框编辑系统预设的 PostScript 填充图案。单击"对象属性"泊坞窗中的"编辑填充"按钮，如图 4-48 所示，在打开的"编辑填充"对话框中更改填充属性，如图 4-49 所示，设置后单击"确定"按钮，即可为选中的图形应用编辑后的图案进行填充，效果如图 4-50 所示。

图 4-48　　　　　　　　　　　　　　　　图 4-49　　　　　　　　　　　　　　图 4-50

4.2 滴管工具和智能填充工具

　　CorelDRAW 提供了"颜色滴管工具""属性滴管工具"和"智能填充工具"3 个着色工具，应用这些工具可以吸取对象上的颜色、轮廓等属性，并将其应用到其他对象上。

4.2.1 颜色滴管工具

　　"颜色滴管工具"是取色和填充的辅助工具，应用此工具可从绘图窗口或桌面的对象中选择并复制颜色，并将其应用到指定的对象上。

　　单击工具箱中的"颜色滴管工具"按钮 🖊，在工具属性栏中设置相应选项，然后将鼠标指针移到需要取样颜色的位置，如图 4-51 所示；单击以取样颜色，此时会自动切换到应用颜色模式，若要将取样颜色应用于填充对象，则将鼠标指针悬停在需要应用颜色的对象上，鼠标指针下方会显示纯色色样，如图 4-52 所示；单击即可应用取样的颜色填充对象，如图 4-53 所示。

图 4-51　　　　　　　　　　　　图 4-52　　　　　　　　　　　　图 4-53

　　如果要将取样的颜色应用于对象的轮廓，则将鼠标指针悬停在对象轮廓上，如图 4-54 所示，当鼠标指针下方的纯色色样变为轮廓形状时，单击即可对轮廓应用取样颜色，如图 4-55 所示。

图 4-54　　　　　　　　　　　　图 4-55

> 📋 **知识补充**
>
> 　　"颜色滴管工具"属性栏提供了3个设置取样区域的按钮，单击"1×1"按钮 🖊 时，允许用户选择单击处的像素颜色；单击"2×2"按钮 🖊 时，允许用户选择2×2像素示例区域中的平均颜色，单击的像素位于示例区域的中间；单击"5×5"按钮 🖊 时，允许用户选择5×5像素示例区域中的平均颜色。

4.2.2　属性滴管工具

　　"属性滴管工具"与"颜色滴管工具"一样，也是辅助着色工具，它们的操作方法相似，不同的是"属性滴管工具"不但可以复制对象的颜色属性，而且可以同时复制对象的线条宽度、大小和效果等属性。

　　单击工具箱中的"属性滴管工具"按钮 ✎，在属性栏中设置工具选项后，将鼠标指针移到需要复制其属性的对象上，如图 4-56 所示。单击以复制属性，此时会自动切换到应用对象属性模式，如图 4-57 所示。单击要应用复制属性的对象，即可将吸取的属性应用到该对象上，如图 4-58 所示。

图 4-56　　　　　　　　　　　　图 4-57　　　　　　　　　　　　图 4-58

> **知识补充**
>
> 　　在"属性滴管工具"属性栏中，"属性"选项用于选择要取样的对象属性，包括"轮廓""填充"和"文本"3 个复选框。勾选"轮廓"复选框时吸取对象的轮廓属性，勾选"填充"复选框时吸取对象的填充属性，勾选"文本"复选框时吸取文本对象的属性。

4.2.3　智能填充工具

　　使用"智能填充工具"可以针对细小的图形区域进行填充，便于制作交错的图形效果。使用"智能填充工具"可以将填充应用到任意闭合区域，即应用"智能填充工具"对图形进行填充后，在页面中将会形成一个与所填充区域相同大小的图形。如果单击闭合区域外部，则会根据页面上的所有对象创建一个新对象，并且属性栏上选定的填充和轮廓属性会应用到此新对象。

　　单击工具箱中的"智能填充工具"按钮 ◪，在属性栏的"填充"和"轮廓"列表框中选择填充颜色和轮廓颜色等属性，如图 4-59 所示，设置后单击希望填充的闭合区域内部，如图 4-60 所示，单击后会在闭合区域内部创建新的对象，此对象会应用属性栏中设置的填充和轮廓样式，效果如图4-61 所示。

图 4-59　　　　　　　　　　　　图 4-60　　　　　　　　　　　　图 4-61

4.3 交互式填充工具组

交互式填充工具组包括"交互式填充工具"和"网状填充工具"。使用"交互式填充工具"和"网状填充工具"可以为复杂的图形填充合适的颜色或图案效果。

4.3.1 交互式填充工具

为了更加灵活方便地进行图形的填充，CorelDRAW 提供了"交互式填充工具"。应用"交互式填充工具"填充图形时，可以结合工具属性栏选择要填充的类型。选择的填充类型不同，在属性栏右侧所显示的选项也不同，用户可以根据选择的填充类型指定更多的填充选项，控制图形的填充效果。

使用"选择工具"选中需要填充的对象，如图 4-62 所示。如果要将纯色填充的图形更改为渐变填充效果，单击"交互式填充工具"按钮 ◇，在属性栏中单击"渐变填充"按钮 ■，再单击"椭圆形渐变填充"按钮 ■，设置后可以看到对选中的图形应用了默认的渐变颜色填充，如图 4-63 所示。若要更改渐变颜色，选中图像上的颜色节点，在"颜色泊坞窗"中更改颜色，还可以调整节点不透明度，控制颜色的透明程度，如图 4-64 所示为更改填充颜色后的效果。

图 4-62

图 4-63

图 4-64

技巧提示

使用"交互式填充工具"填充渐变颜色时，如果需要在渐变中添加更多的中间渐变色，可以在需要添加渐变颜色的颜色频带上双击，添加新的节点，再打开"节点颜色"挑选器，选择一种颜色即可。

4.3.2 网状填充工具

应用"网状填充工具"可以轻松创建复杂多变的网状填充效果，还可以将每一个网点填充上不同的颜色并定义颜色的扭曲方向等。"网状填充工具"只能应用于闭合对象或单条路径。如果要在复杂的对象中应用网状填充，首先必须创建网状填充的对象，然后将它与复杂对象组合成一个图框，精确剪裁对象。

选择一个对象，如图 4-65 所示，单击工具箱中的"网状填充工具"按钮 ⊞，在属性栏中设置网格的行数和列数，设置后在选定的对象上就会出现相应的网格效果，如图 4-66 所示。可以单击选中节点，按 Delete 键将多余节点删除；也可以将鼠标指针移到节点连接线中间，单击以添加节点；还可以拖曳节点及其控制手柄，调整网格形状。如图 4-67 所示即为调整节点后的网格效果。

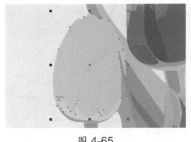

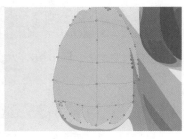

图 4-65 图 4-66 图 4-67

完成网格节点的处理后，需要用颜色填充网格。首先在调色板中选中要应用的颜色，如图 4-68 所示，然后将其拖动到需要应用该颜色的节点位置，释放鼠标后网格节点就会变为选中的颜色，如图 4-69 所示。可以分别为每个节点指定不同的颜色，填充效果如图 4-70 所示。

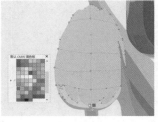

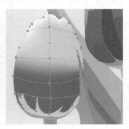

图 4-68 图 4-69 图 4-70

4.4 图形轮廓的设置

轮廓线的编辑和设置是 CorelDRAW 中又一项比较重要的操作。轮廓线是构成对象的主要元素，在编辑或绘制图形时，可以根据需要设置图形轮廓线的颜色、粗细、样式及角度等属性。可以应用属性栏快速设置轮廓线效果，也可以应用"轮廓笔"工具自定义轮廓线样式，并应用到图形之中。

4.4.1 设置轮廓线宽度

在绘制图形时，可以通过修改轮廓线宽度来突出图形的外形轮廓。默认情况下，绘制的图形轮廓线宽度为 0.2 mm，如果需要更改轮廓线宽度，可以通过多种方法实现。

1 应用属性栏中的"轮廓宽度"更改轮廓线宽度

"选择工具"的属性栏提供了一个"轮廓宽度"选项，应用此选项可以快速更改轮廓线宽度。

选中需要更改轮廓线宽度的对象，如图 4-71 所示，单击属性栏中的"轮廓宽度"下拉按钮，在展开的下拉列表中可以选择预设的轮廓线宽度，也可以直接在选项数值框中输入需要的宽度值，如图 4-72 所示为设置"轮廓宽度"为 3 mm 时的效果。

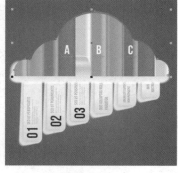

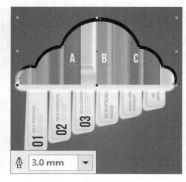

图 4-71 图 4-72

2 应用"轮廓笔"工具列表更改轮廓线宽度

CorelDRAW 提供了专门用于调整图形轮廓线的"轮廓笔"工具，在该工具列表中列出了许多不同的轮廓线宽度选项，可以通过选择这些选项更改图形轮廓线效果。应用"选择工具"选中需要设置轮廓线效果的图形，单击工具箱中的"轮廓笔"按钮 ✿，在展开的工具列表中选择轮廓线的宽度，如图 4-73 所示，此时所选对象的轮廓线将变为相应的宽度，如图 4-74 所示。

图 4-73

图 4-74

技巧提示

初次安装CorelDRAW软件时，在工具箱中未显示"轮廓笔"工具组，需要单击工具箱下方的"快速自定义"按钮 ⊕，在展开的列表中勾选"轮廓展开工具栏"复选框，勾选后在工具箱最下方就会显示"轮廓笔"工具按钮。

3 在"轮廓笔"对话框中更改轮廓线宽度

通过"轮廓笔"对话框也可以设置图形的轮廓线宽度。单击工具箱中的"轮廓笔"按钮 ✿，在展开的工具列表中单击"轮廓笔"，或者按下快捷键 F12，打开"轮廓笔"对话框，单击"宽度"数值框右侧的下拉按钮，在打开的下拉列表中选择轮廓线的宽度，如图 4-75 所示，或者在数值框中直接输入宽度值。完成后单击"确定"按钮，更改轮廓线宽度后的图形效果如图 4-76 所示。

图 4-75

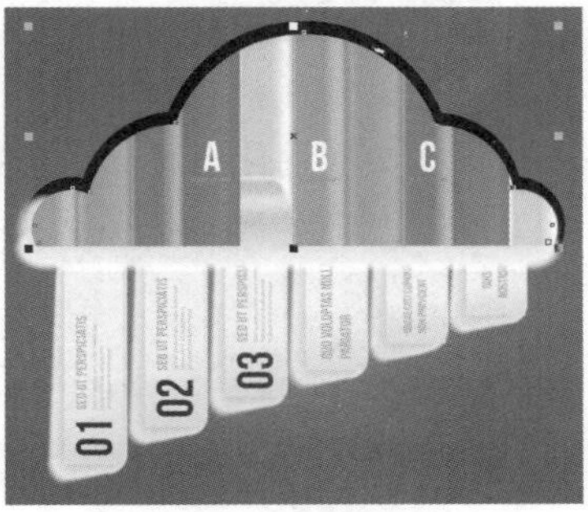

图 4-76

4 使用"对象属性"泊坞窗更改轮廓线宽度

"对象属性"泊坞窗也提供了"轮廓宽度"选项。执行"窗口>泊坞窗>对象属性"菜单命令，打开"对象属性"泊坞窗，单击"轮廓"按钮 ✿，跳转到轮廓属性，单击"轮廓宽度"右侧的下拉按钮，在展开的下拉列表中单击选择轮廓线宽度，如图 4-77 所示，即可更改轮廓线宽度，效果如图 4-78 所示。

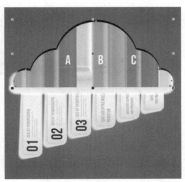

图 4-77

图 4-78

4.4.2 设置轮廓线样式

CorelDRAW 中预设了多种轮廓线样式，在绘制或编辑图形时，可以为图形选择更适合的轮廓线样式。应用"对象属性"泊坞窗中的"线条样式"列表或"轮廓笔"对话框中的"样式"列表均可以更改轮廓线样式。

使用"选择工具"选中需要更改轮廓线样式的图形，如图 4-79 所示。按下快捷键 F12，打开"轮廓笔"对话框，单击"样式"下拉按钮，在展开的列表中选择样式，如图 4-80 所示。设置后单击"确定"按钮完成图形轮廓线样式的设置，设置后的效果如图 4-81 所示。

图 4-79

图 4-80

图 4-81

除了对图形应用预设的轮廓线样式外，还可以自定义轮廓线样式，创建更有个性的轮廓线效果。单击"轮廓笔"对话框中的"编辑样式"按钮，打开"编辑线条样式"对话框，如图 4-82 所示，在对话框中应用鼠标移动调节杆上的滑块，即可调整线条样式中点之间的间隔。设置好后单击"添加"按钮，将线条样式保存，在之后的操作中就可以在"样式"列表中调用，效果如图 4-83 所示。

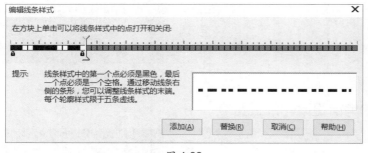

图 4-82

图 4-83

技 巧 提 示

在CorelDRAW中，为图形设置轮廓线后，可以将设置的轮廓属性复制到另一个对象，其方法是：选择"属性滴管工具"，在属性栏中启用"轮廓"复选框，单击要复制其轮廓属性的对象，再单击要应用轮廓属性的对象即可。

4.4.3 设置轮廓线拐角效果

为图形应用轮廓线时，可以调整轮廓线的拐角样式，有斜接角、圆角和斜切角 3 种样式供用户选择。在 CorelDRAW 中设置轮廓线拐角效果有两种方法，一种是使用"轮廓笔"对话框设置，另一种是使用"对象属性"泊坞窗中的"轮廓"属性进行设置。

1 **使用"对象属性"泊坞窗更改拐角样式**

应用"选择工具"选中需要设置拐角样式的图形，如图4-84所示。执行"窗口>泊坞窗>对象属性"菜单命令，打开"对象属性"泊坞窗，单击"轮廓"按钮🖊，跳转到轮廓属性，默认选择"斜接角"样式，单击其他样式时，所选图形的轮廓线就会切换到相应的拐角样式，如图4-85所示为选择"圆角"样式时的轮廓线效果。

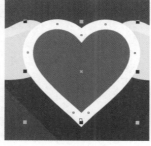

图 4-84

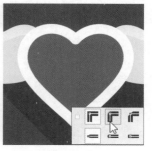

图 4-85

2 **在"轮廓笔"对话框中更改拐角样式**

应用"选择工具"选中需要设置拐角样式的图形，按下快捷键F12，打开"轮廓笔"对话框，单击合适的拐角样式，如图4-86所示，单击后将默认的"斜接角"样式更改为"斜切角"样式效果，如图4-87所示。

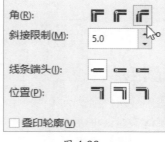

图 4-86

图 4-87

📄 知识补充

如果选择了细线轮廓，那么角、线条端头、角度等一些细微的设置就会变得毫无意义，因为细线轮廓线形太细，难以在绘图中体现这种细微的变化。

4.4.4 在轮廓线中应用箭头

对于图形的轮廓线，还可以使用"轮廓笔"对话框或"轮廓"属性添加箭头。CorelDRAW中预设了许多箭头样式，用户可以根据需要在轮廓线起点或终点位置添加箭头效果。

应用"选择工具"选中需要添加箭头的图形，如图4-88所示。单击"轮廓笔"按钮🖊，在展开的工具列表中选择"轮廓笔"，打开"轮廓笔"对话框，在对话框中单击"箭头"下拉按钮，展开"箭头"下拉列表，在其中选择需要应用的箭头样式，如图4-89所示。两个下拉列表框分别用于设置轮廓线起点和终点的箭头。设置后单击"确定"按钮，即可对图形应用该箭头样式，如图4-90所示。

图 4-88

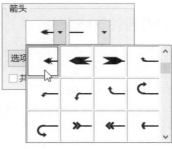

图 4-89

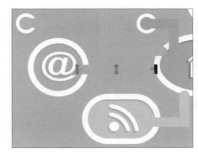

图 4-90

与轮廓线的样式一样，用户也可以对箭头的样式进行编辑。选择需要编辑的箭头样式后，单击"选项"按钮，在展开的下拉列表中单击"编辑"选项，如图 4-91 所示。在打开的"箭头属性"对话框中调整箭头的大小、偏移、旋转等选项，如图 4-92 所示。设置后单击"确定"按钮，应用编辑后的箭头样式，效果如图 4-93 所示。

图 4-91

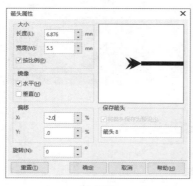

图 4-92

图 4-93

4.4.5　更改轮廓线颜色

绘制图形后，图形的轮廓线颜色默认为黑色，用户可以根据需要更改轮廓线颜色。要更改轮廓线颜色，既可以使用"轮廓笔"对话框进行设置，也可以应用调色板进行设置，还可以使用"对象属性"泊坞窗中的"轮廓"属性进行设置。

1　应用调色板更改轮廓线颜色

应用调色板能够快速为选中的对象更改轮廓线颜色。选中需要调整轮廓线颜色的对象，如图 4-94 所示，打开调色板，右击调色板中的色标，如图 4-95 所示，即可对图形轮廓线应用该颜色，效果如图 4-96 所示。

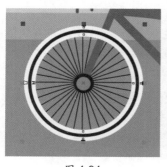

图 4-94

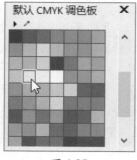

图 4-95

图 4-96

2　在"轮廓笔"对话框中设置轮廓线颜色

"轮廓笔"对话框提供了一个"颜色"选项，使用此选项可以更改所选图形的轮廓线颜色。单击"颜色"右侧的下拉按钮，打开颜色挑选器，然后单击选择一种颜色或输入精确的色值，如图 4-97 所示，设置后单击"确定"按钮，即可对选中的图形轮廓线应用该颜色。

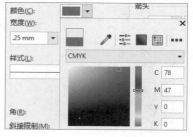

图 4-97

3 应用"轮廓"属性更改轮廓线颜色

在"对象属性"泊坞窗中的"轮廓"属性中有一个"轮廓颜色"选项，这个选项也是用于更改图形的轮廓线颜色的。选择一个图形对象，单击"对象属性"泊坞窗中的"轮廓"按钮，跳转到轮廓属性，单击"轮廓颜色"右侧的下拉按钮，打开颜色挑选器，在其中就可以重新设置轮廓线颜色，如图 4-98 所示，设置后的效果如图 4-99 所示。

图 4-98

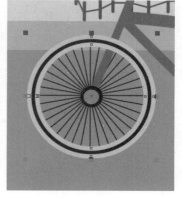

图 4-99

实例 1 绘制图形填充颜色制作儿童插画

本实例学习绘制可爱的儿童插画，主要应用调色板和"颜色泊坞窗"为绘制完成的各个部分的图形填充不同的颜色，再结合"轮廓笔"为绘制的图形添加虚线样式的轮廓线条，最终效果如图4-100所示。

图 4-100

◎ **原始文件：** 无

◎ **最终文件：** 随书资源\04\源文件\绘制图形填充颜色制作儿童插画.cdr

1 执行"文件>新建"菜单命令，创建一个新文档，如图 4-101 所示，应用"矩形工具"在页面中绘制一个矩形轮廓，如图 4-102 所示。

2 打开"颜色泊坞窗"，在其中设置填充颜色，设置后单击"填充"按钮，如图 4-103 所示，为矩形填充设置的粉色，如图 4-104 所示。

图 4-101

图 4-102

图 4-103

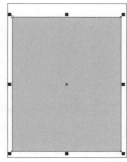

图 4-104

3 打开"默认 CMYK 调色板",右击调色板中的"无颜色"色标,如图 4-105 所示,去除矩形的轮廓线,效果如图 4-106 所示。

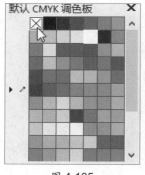

图 4-105

图 4-106

4 单击"矩形工具"按钮□,在粉色背景中单击并拖动,再绘制一个矩形轮廓,如图 4-107 所示。打开"颜色泊坞窗",设置需要填充的颜色,单击"填充"按钮,如图 4-108 所示。

图 4-107

图 4-108

5 为绘制的矩形填充灰色,效果如图 4-109 所示。确认绘制的矩形为选中状态,在属性栏中单击"轮廓宽度"下拉按钮,在展开的列表中选择"无"选项,去除轮廓线,如图 4-110 所示。

图 4-109

图 4-110

6 单击"钢笔工具"按钮，在灰色的背景中间绘制图形轮廓,绘制后的效果如图 4-111 所示。

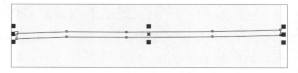

图 4-111

7 打开"颜色泊坞窗",在其中设置要填充的颜色,设置后单击"填充"按钮,为绘制的图形填充颜色,并去除轮廓线效果,如图 4-112 所示。

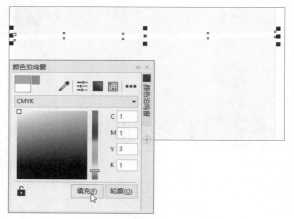

图 4-112

8 继续结合"钢笔工具"和"颜色泊坞窗"在页面中绘制更多图形,并填充合适的颜色,如图 4-113 所示。

9 单击"贝塞尔工具"按钮，在页面底部单击并拖动,绘制曲线路径,如图 4-114 所示。

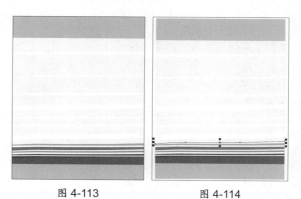

图 4-113   图 4-114

10 按下快捷键 F12,打开"轮廓笔"对话框,在对话框中设置轮廓线颜色,并设置"宽度"为 0.5 mm。为创建更符合要求的轮廓线,单击下方的"编辑样式"按钮,如图 4-115 所示。

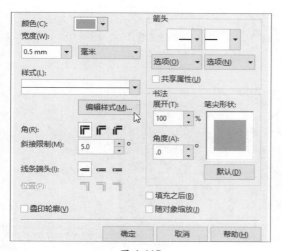

图 4-115

11 打开"编辑线条样式"对话框,单击对话框上方的方块区域,打开线条样式中的点,创建新的虚线轮廓,设置后单击"添加"按钮,如图 4-116 所示。

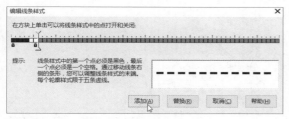

图 4-116

12 返回"轮廓笔"对话框,在对话框中可以看到新的样式已添加到"样式"列表,如图 4-117 所示,单击"确定"按钮。

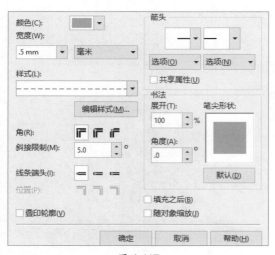

图 4-117

13 应用设置的样式为绘制的曲线路径添加轮廓线效果,如图 4-118 所示。

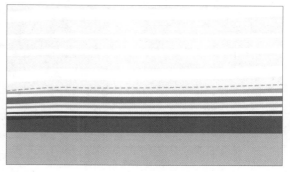

图 4-118

14 选择"贝塞尔工具",继续在页面中绘制另一个曲线路径,然后在属性栏中设置"轮廓宽度"为 0.5 mm,选择轮廓线样式为前面创建的新样式,对曲线路径应用该样式,如图 4-119 所示。

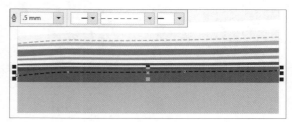

图 4-119

15 这里需要将轮廓线颜色更改为白色,所以右击"默认 CMYK 调色板"中的白色色标,如图 4-120 所示,更改轮廓线颜色。

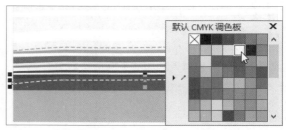

图 4-120

16 单击工具箱中的"贝塞尔工具"按钮,在页面中绘制一个大象形状的图形轮廓,如图 4-121 所示。

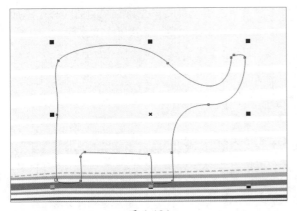

图 4-121

17 打开"颜色泊坞窗",在泊坞窗中设置
要填充的颜色,单击"填充"按钮,如
图 4-122 所示,填充后的效果如图 4-123 所示。

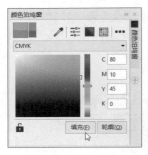

图 4-122

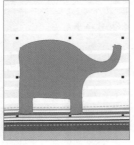

图 4-123

18 应用"选择工具"选中图形,在属性栏
中单击"轮廓宽度"下拉按钮,在展开
的下拉列表中选择"无"选项,去除轮廓线,如
图 4-124 所示。

19 按下快捷键 Ctrl+C 和 Ctrl+V,复制粘
贴选中的图形,创建图形副本,然后单
击"形状工具"按钮,拖曳图形上的节点,更
改图形的外形轮廓,如图 4-125 所示。

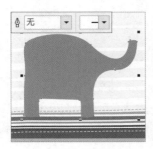

图 4-124

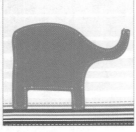

图 4-125

20 单击"选择工具"按钮,在属性栏中
设置"轮廓宽度"为 0.75 mm,轮廓样
式为虚线,如图 4-126 所示。

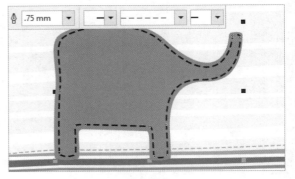

图 4-126

21 打开"默认 CMYK 调色板",右击调
色板中的白色色标,如图 4-127 所示,
将轮廓线颜色更改为白色,如图 4-128 所示。

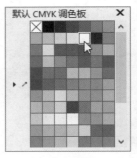

图 4-127

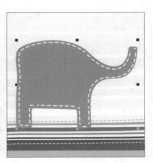

图 4-128

22 应用相同的方法,在页面中绘制更多图
形,完成卡通图案的绘制,最终效果如
图 4-129 所示。

图 4-129

实例 2　填充图案制作木纹效果

　　本实例先载入木纹素材，将其作为填充图案填充到绘制的图形中，然后使用"文本工具"输入文字并转换为曲线，再使用预设的图案加以填充，创建更有质感的文字效果，最终效果如图4-130所示。

◎ **原始文件：**随书资源\04\素材\01.cdr、02.jpg、03.ai
◎ **最终文件：**随书资源\04\源文件\填充图案制作木纹效果.cdr

图 4-130

1 执行"文件＞打开"菜单命令，打开 01.cdr，单击工具箱中的"钢笔工具"按钮，在画面中绘制不规则图形，如图 4-131 所示。

图 4-131

2 执行"窗口＞泊坞窗＞对象属性"菜单命令，打开"对象属性"泊坞窗，单击"填充"按钮，跳转至填充属性，单击下方的"底纹填充"按钮，如图 4-132 所示，为绘制的图形填充默认的底纹，填充效果如图 4-133 所示。

图 4-132

图 4-133

3 单击"对象属性"泊坞窗中的"编辑填充"按钮，打开"编辑填充"对话框，选择"样本 9"底纹库，并选择底纹库中的"泻湖"底纹，如图 4-134 所示。

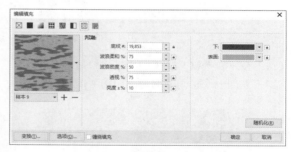

图 4-134

4 单击"下"右侧的颜色条，设置下层颜色为 R110、G43、B23，如图 4-135 所示。

5 单击"表面"右侧的颜色条，设置表面颜色为 R217、G143、B66，如图 4-136 所示。

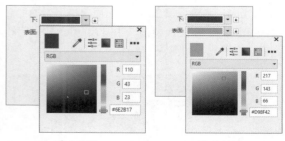

图 4-135　　　　　图 4-136

6 接着设置"波浪柔和"为100、"波浪密度"为75、"透视"为95、"亮度"为10，如图 4-137 所示，设置后单击"确定"按钮。

图 4-137

7 应用设置的底纹样式填充绘制的图形，填充后的效果如图 4-138 所示。

图 4-138

8 按下快捷键 Ctrl+C，再按下快捷键 Ctrl+V，复制一个相同的图形，如图 4-139 所示。

图 4-139

9 打开"对象属性"泊坞窗，单击"填充"按钮，跳转至填充属性，然后单击下方的"位图图样填充"按钮，如图 4-140 所示，应用位图图样填充图形，如图 4-141 所示。

图 4-140　　　　　图 4-141

10 单击"填充挑选器"右侧的下拉按钮，如图 4-142 所示，打开"填充挑选器"，然后单击底部的"浏览"按钮，如图 4-143 所示。

图 4-142　　　　　图 4-143

11 打开"打开"对话框，在对话框右下角选择文件格式为"JPG-JPEG 位图"，然后选择底纹素材 02.jpg，单击"打开"按钮，如图 4-144 所示。

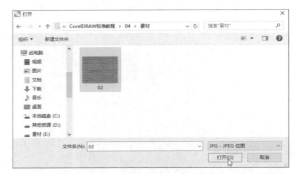

图 4-144

12 导入位图图样，并应用该图样填充图形，填充后的效果如图 4-145 所示。

图 4-145

13 单击"对象属性"泊坞窗下方的倒三角形按钮,展开更多对象属性选项,在"变换"选项组下设置"填充宽度"为 80 mm、"填充高度"为 50 mm,调整图案填充的宽度和高度效果,如图 4-146 所示。

变换:
↔ 80.0 mm
↕ 50.0 mm

图 4-146

14 单击"阴影工具"按钮,在图形上单击并拖动鼠标,为图形添加阴影效果,在属性栏中设置"阴影的不透明度"为 63、"阴影羽化"为 2,如图 4-147 所示。

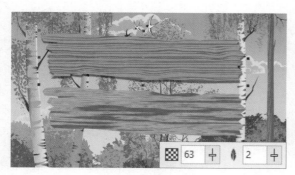

63　　2

图 4-147

15 应用"形状工具"对图形的形状进行调整,然后将处理好的图形移到原图形上方,与其自然地叠加,如图 4-148 所示。

图 4-148

16 执行"文件>导入"菜单命令,导入绳子素材 03.ai,并创建副本图形,得到对称的绳子效果,如图 4-149 所示。

图 4-149

17 选择"椭圆形工具",在绳子底部绘制一个圆形,单击调色板中的白色色标,将圆形填充为白色,如图 4-150 所示。

18 执行"位图>转换为位图"菜单命令,打开"转换为位图"对话框,如图 4-151所示,单击"确定"按钮,将图形转换为位图。

转换为位图　　　　　　　　　×
分辨率(E): 300 ▼ dpi
颜色
颜色模式(C): CMYK色(32位) ▼
□ 递色处理的(I)
□ 只要叠印黑色(V)
选项
☑ 光滑处理(A)
☑ 透明背景(T)
未压缩的文件大小: 4.25 KB
确定　　取消　　帮助

图 4-150　　　　　　图 4-151

19 执行"位图>三维效果>浮雕"菜单命令,在打开的"浮雕"对话框中设置各选项,如图 4-152 所示,设置后单击"确定"按钮,应用浮雕效果。

浮雕　　　　　　　　　　　　×
深度(D): 2
层次(L): 339
方向(C): 45
浮雕色
○ 原始颜色(O)
○ 灰色(G)
○ 黑(B)
○ 其它(T)
预览　　重置　　　　　确定　　取消　　帮助

图 4-152

20 单击"透明度工具"按钮▦，在属性栏中单击"均匀透明度"按钮▣，设置"合并模式"为"减少"、"透明度"为 50，为圆形设置透明效果，如图 4-153 所示。

21 执行"对象＞顺序＞向后一层"菜单命令，将圆形移至绳子图形下方，如图 4-154 所示。

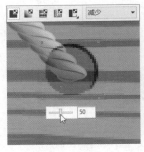 

图 4-153　　　　　　图 4-154

22 应用"选择工具"选中并复制圆形，然后将复制的圆形移至右侧绳子图形的下方，如图 4-155 所示。

图 4-155

23 选择"文本工具"，在页面中输入文字，如图 4-156 所示，复制文本对象，按下快捷键 Ctrl+Q，将文字转换为曲线。

图 4-156

24 单击"交互式填充工具"按钮◈，单击属性栏中"双色图样填充"右下角的黑色三角形按钮，然后单击"底纹填充"按钮▦，选择"样本 9"底纹库，在该底纹库中选择"红木"底纹，填充文字图形，如图 4-157 所示。

图 4-157

25 单击属性栏中的"编辑填充"按钮▦，打开"编辑填充"对话框，在对话框中设置底纹颜色及密度等，设置后单击"选项"按钮，如图 4-158 所示。

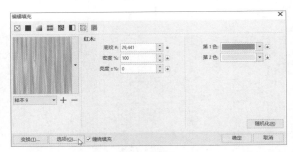

图 4-158

26 打开"底纹选项"对话框，在对话框中设置"位图分辨率"为 2049 dpi，其他参数值不变，如图 4-159 所示，单击"确定"按钮。

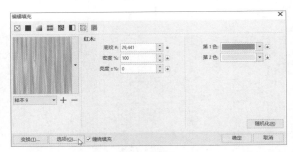

图 4-159

27 返回"编辑填充"对话框，单击左下角的"变换"按钮，打开"变换"对话框，在对话框中设置"倾斜"为 -4°、"旋转"为 -90°，如图 4-160 所示，然后单击"确定"按钮。

图 4-160

28 返回"编辑填充"对话框，单击对话框中的"确定"按钮，应用设置的底纹填充文字图形，如图 4-161 所示。

图 4-161

29 使用"文本工具"在页面中输入文字，完善画面效果，如图 4-162 所示。

图 4-162

实例 3　绘制逼真质感的水果图形

　　使用"网状填充工具"可以通过调整节点来调和所填充颜色之间的差异，使颜色之间的过渡更为柔和。本实例中主要应用"贝塞尔工具"绘制水果的外形轮廓，再应用"网状填充工具"为其填充颜色，通过调整节点和节点颜色，制作出更有质感的水果图形，效果如图4-163所示。

◎　**原始文件：** 无
◎　**最终文件：** 随书资源\04\源文件\绘制逼真质感的水果图形.cdr

图 4-163

1 创建新文档，使用"贝塞尔工具"在页面中绘制一个樱桃图形，如图 4-164 所示，并将图形填充为红色，如图 4-165 所示。

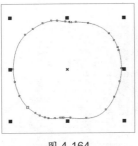
图 4-164

图 4-165

2 单击工具箱中的"网状填充工具"按钮 ，在属性栏中设置网格列数为 16、行数为 20，创建网格效果，如图 4-166 所示。

3 将鼠标指针移到需要更改其颜色的节点上，单击选中颜色节点，如图 4-167 所示。

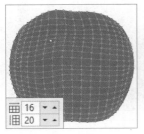
图 4-166

图 4-167

4 打开"默认 CMYK 调色板"，单击调色板中的白色色标，如图 4-168 所示，将选中的颜色拖动到选中的节点位置，更改节点颜色，如图 4-169 所示。

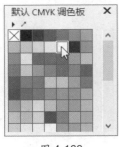
图 4-168

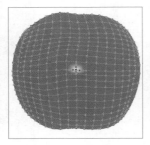
图 4-169

5 继续使用同样的方法，单击白色色标，将它拖动到另一节点位置，更改节点颜色，如图 4-170 所示。

6 移动鼠标指针，选中另外一个网格节点，如图 4-171 所示。

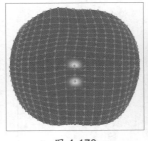
图 4-170

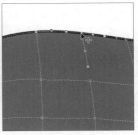
图 4-171

7 单击属性栏中的"网状填充颜色"下拉按钮，打开颜色挑选器，设置填充颜色为 C15、M51、Y24、K0，如图 4-172 所示，更改选中的节点颜色，填充图形，效果如图 4-173 所示。

图 4-172

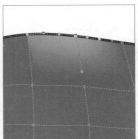
图 4-173

8 继续使用同样的方法，对网格节点指定不同的填充颜色，设置后再适当拖动节点，调整各节点位置，使图形颜色呈现自然的过渡效果，如图 4-174 所示。

9 单击工具箱中的"轮廓笔"按钮 ，在展开的列表中选择"无轮廓"选项，去除轮廓线，如图 4-175 所示。

图 4-174

图 4-175

10 接下来要绘制樱桃上面晶莹剔透的水珠，单击工具箱中的"椭圆形工具"按钮○，在樱桃图形中间绘制一个椭圆图形，如图4-176所示。

11 单击工具箱中的"网状填充工具"按钮⊞，在展开的属性栏中设置网格列数为11、行数为12，创建网格效果，如图4-177所示。

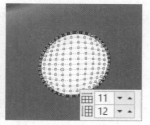

图 4-176　　　　　　　图 4-177

12 根据需要调整网格中的节点位置和填充颜色，如图4-178所示。

13 单击工具箱中的"轮廓笔"按钮✐，在展开的列表中单击"无轮廓"选项，去除轮廓线，效果如图4-179所示。

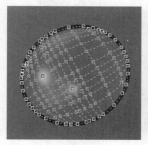

图 4-178　　　　　　　图 4-179

技 巧 提 示

使用"网状填充工具"填充图形后，如果对填充效果不满意，可以单击属性栏中的"清除网状"按钮，移除网状填充，将图形恢复到未应用网状填充的效果。

14 选择"椭圆形工具"，在已绘制好的水珠上方再绘制一个椭圆形，如图4-180所示。

15 单击工具箱中的"交互式填充工具"按钮◇，单击属性栏中的"均匀填充"按钮■，然后在颜色挑选器中设置填充颜色，为绘

制的椭圆形填充纯色，如图4-181所示。

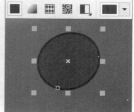

图 4-180　　　　　　　图 4-181

16 确保椭圆形为选中状态，在"选择工具"属性栏中设置"轮廓宽度"为"无"，去除轮廓线，如图4-182所示。

17 执行"对象>顺序>向后一层"菜单命令，将图形向后移动一层，制作为水珠阴影效果，如图4-183所示。

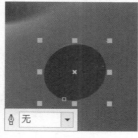

图 4-182　　　　　　　图 4-183

18 继续使用相同的方法，在樱桃图形上方绘制更多的水珠图形，如图4-184所示。

19 单击工具箱中的"选择工具"按钮▸，在页面中单击并拖动，框选页面中的所有图形，如图4-185所示。

图 4-184　　　　　　　图 4-185

20 执行"编辑>复制"菜单命令，复制图形，再执行"编辑>粘贴"菜单命令，粘贴图形，将其移到原樱桃图形左侧，如图4-186所示。

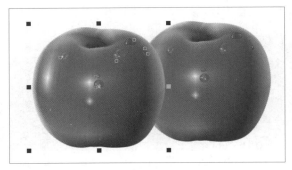

图 4-186

图 4-191

图 4-192

21 使用"选择工具"选中复制的樱桃上方的水珠对象,删除一部分水珠,并将剩下的水珠移到合适的位置,如图 4-187 所示。

22 使用"贝塞尔工具"和"形状工具"绘制樱桃果蒂形状,如图 4-188 所示。

26 继续使用同样的方法,绘制出果梗和叶子形状,应用"网状填充工具"为图形填充上不同的颜色,绘制后的效果如图 4-193 所示。

27 双击工具箱中的"矩形工具"按钮☐,绘制一个与页面同等大小的矩形,如图 4-194 所示。

图 4-187

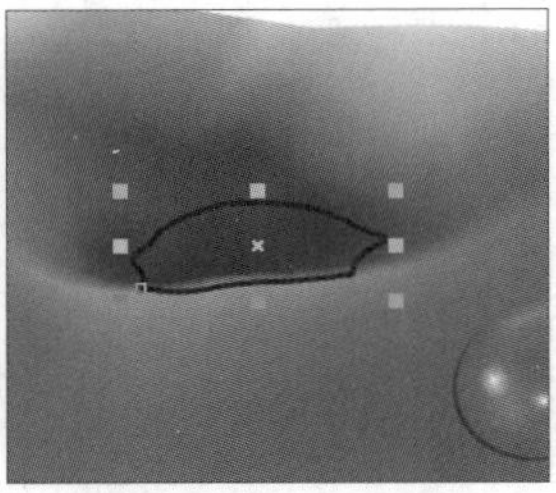

图 4-188

23 单击工具箱中的"网状填充工具"按钮♯,在属性栏中设置网格列数为 11、行数为 8,创建网格效果,如图 4-189 所示。

24 选择并调整网格节点位置,然后分别为节点指定合适的填充颜色,效果如图 4-190 所示。

图 4-193

图 4-194

28 单击工具箱中的"交互式填充工具"按钮◇,单击属性栏中的"渐变填充"按钮▦,再单击"椭圆形渐变填充"按钮▧,为图形填充"黑,白渐变",如图 4-195 所示。

29 选择单击椭圆形边缘的黑色节点,将节点颜色更改为红色,然后拖动调整椭圆形大小和位置,更改渐变填充效果,如图 4-196 所示,完成本实例的制作。

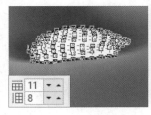

图 4-189

图 4-190

25 打开"对象属性"泊坞窗,单击"轮廓"按钮◉,跳转到轮廓属性,单击"轮廓宽度"下拉按钮,在展开的下拉列表中选择"无"选项,如图 4-191 所示,去除轮廓线,如图 4-192 所示。

图 4-195

图 4-196

实例 4　应用填充工具为图形上色

本实例主要使用"交互式填充工具"为绘制的图形填充纯色和渐变颜色，并通过复制对象属性的方式完成线稿的上色，最终效果如图4-197所示。

◎ **原始文件：** 随书资源\04\素材\04.cdr
◎ **最终文件：** 随书资源\04\源文件\应用填充工具为图形上色.cdr

图 4-197

1 打开素材文件 04.cdr，单击工具箱中的"选择工具"按钮，单击选中背景图形，如图 4-198 所示。

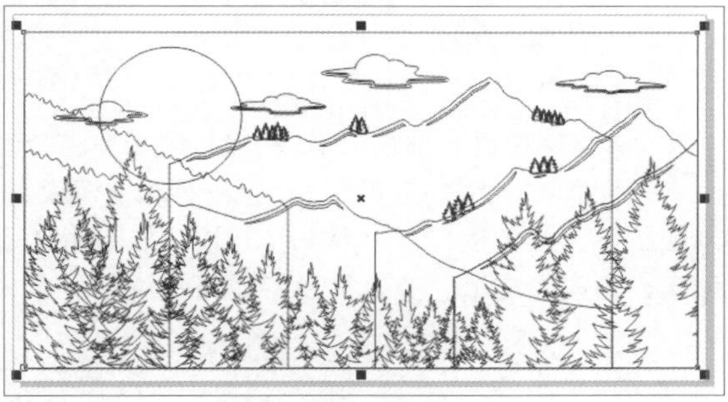

图 4-198

2 单击"交互式填充工具"按钮，单击属性栏中的"渐变填充"按钮，再单击"线性渐变填充"按钮，为图形填充"黑，白渐变"，如图 4-199 所示。

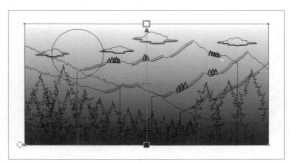

图 4-199

3 分别单击并选中渐变起始颜色和终止颜色节点，拖动调整节点位置，更改渐变的走向，如图 4-200 所示。

图 4-200

4 单击颜色频带上的终止颜色节点，单击"节点颜色"右侧的下拉按钮，打开颜色挑选器，设置渐变终止颜色，如图 4-201 所示。

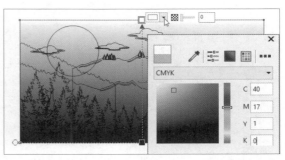

图 4-201

5 单击颜色频带上的起始颜色节点，单击"节
点颜色"右侧的下拉按钮，打开颜色挑选器，
设置渐变起始颜色，如图 4-202 所示。

图 4-202

6 更改渐变填充颜色后，应用"选择工具"选
中填充渐变后的图形，在属性栏中单击"轮
廓宽度"下拉按钮，选择"无"选项，去除轮廓线，
如图 4-203 所示。

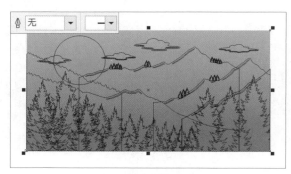

图 4-203

7 选中页面中的圆形图形，单击"交互式填充
工具"按钮，单击属性栏中的"渐变填充"
按钮，为图形填充默认的渐变颜色，如图 4-204
所示。

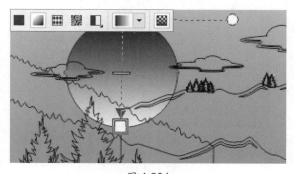

图 4-204

8 单击选中起始颜色节点，如图 4-205 所示，
在属性栏中单击"节点颜色"下拉按钮，
打开颜色挑选器，设置渐变的起始颜色为 C25、
M8、Y0、K0，如图 4-206 所示。

　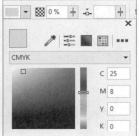

图 4-205　　　　　　图 4-206

技巧提示

应用"交互式填充工具"填充图形时，可
以拖动调色板中的色块到渐变控制柄上，为
渐变添加色块，也可以在渐变填充控制柄上
双击以添加色块。

9 单击选中终止颜色节点，在属性栏中单击"节
点颜色"下拉按钮，打开颜色挑选器，设置
渐变的终止颜色为 C53、M23、Y0、K0，如图 4-207
所示，更改渐变填充的效果如图 4-208 所示。

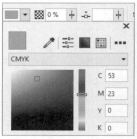　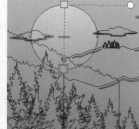

图 4-207　　　　　　图 4-208

10 应用"选择工具"选中圆形图形，在属
性栏中单击"轮廓宽度"下拉按钮，在
展开的下拉列表中选择"无"选项，去除轮廓线，
如图 4-209 所示。

图 4-209

11 选中云朵图形，执行"窗口>泊坞窗>彩色"菜单命令，打开"颜色泊坞窗"，在泊坞窗中设置颜色值为 C63、M32、Y0、K0，单击"填充"按钮，如图 4-210 所示。

12 应用设置的颜色填充图形后的效果如图 4-211 所示。

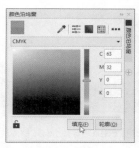

图 4-210　　　　　图 4-211

13 单击工具箱中的"轮廓笔"按钮，在展开的工具列表中单击"无轮廓"选项，如图 4-212 所示，去除云朵图形轮廓线，如图 4-213 所示。

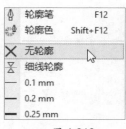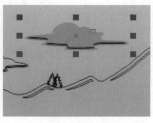

图 4-212　　　　　图 4-213

14 应用"选择工具"选中云朵细节轮廓，打开"颜色泊坞窗"，设置颜色值为 C51、M22、Y0、K0，如图 4-214 所示。

15 设置后单击"填充"按钮，应用设置的颜色为图形填充纯色，如图 4-215 所示。

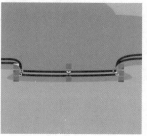

图 4-214　　　　　图 4-215

16 打开"默认 CMYK 调色板"，右击调色板中的"无颜色"色标，如图 4-216 所示，去除图形的轮廓线，如图 4-217 所示。

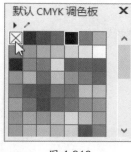

图 4-216　　　　　图 4-217

17 单击工具箱中的"属性滴管工具"按钮，单击填充颜色后的云朵图形，吸取对象填充和轮廓属性，如图 4-218 所示。

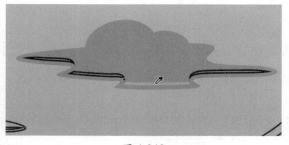

图 4-218

18 此时切换到应用对象属性模式，将鼠标指针移到需要应用相同属性的图形上，如图 4-219 所示，单击后可将吸取的属性应用到该对象上，如图 4-220 所示。

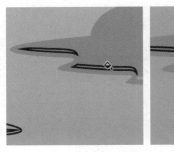

图 4-219　　　　　　　　　　图 4-220

19 继续使用同样的方法，将鼠标指针移至更多需要应用相同属性的对象上，单击应用属性，如图 4-221 所示。

图 4-221

20 继续使用同样的方法，结合"交互式填充工具"和"颜色泊坞窗"为页面中的其他图形填充不同的颜色，完成图形的上色，效果如图 4-222 所示。

图 4-222

技巧提示

选中渐变控制柄上的渐变色块，右击该色块可以将其删除。

4.5 ┃ 本章小结

　　应用绘图工具只能绘制出对象的轮廓线条，为了让绘制的图形呈现不同的效果，需要应用合适的颜色或图案对其进行填充。本章主要围绕图形的填充与轮廓的设置进行讲解，包括不同类型的填充方式、填充工具、轮廓线宽度、轮廓线样式等内容，读者通过本章的学习，能够掌握更多的图形填充与轮廓设置技巧。

4.6 ┃ 课后练习

1．填空题

　　（1）CorelDRAW提供＿＿＿＿＿、＿＿＿＿＿、＿＿＿＿＿、＿＿＿＿＿和＿＿＿＿＿几种填充方式。

　　（2）渐变填充包含＿＿＿＿＿、＿＿＿＿＿、＿＿＿＿＿和＿＿＿＿4种类型。

　　（3）使用"属性滴管工具"可以吸取对象上的＿＿＿＿＿、＿＿＿＿＿和＿＿＿＿＿属性。

　　（4）＿＿＿＿＿是构成对象的主要元素，用户可以设置对象轮廓线的＿＿＿＿＿、＿＿＿＿＿、样式和＿＿＿＿＿等属性。

2．问答题

　　（1）应用哪些方法能够完成图形的纯色填充？

　　（2）交互式填充工具组中有哪两个交互式填充工具？

（3）为什么在设置对象的颜色参数时，总是显示CMYK模式，而不是RGB模式？

（4）应用"网状填充工具"时，如何在网格中添加或删除颜色节点？

3. 上机题

（1）绘制图形并填充颜色，制作钢琴琴键效果，如图4-223所示。

（2）打开随书资源\04\课后练习\素材\01.cdr，如图4-224所示，为打开的图形填充合适的颜色，填充效果如图4-225所示。

图 4-223

图 4-224

图 4-225

读书笔记

第5章

图形的高级编辑

CorelDRAW拥有强大的图形编辑功能，图形的高级编辑是指通过变换和调整，将图形制作成符合要求的形状。本章主要学习自由变换工具组、形状工具组和裁剪工具组的使用。应用这些工具组中的工具，可以完成图形外形轮廓的自由编辑与调整，创建出更理想的图形效果。

5.1 自由变换对象

"自由变换工具"可对图形的形状、大小、角度等进行调整。单击"选择工具"按钮右下角的黑色三角形按钮，在展开的下拉列表中选择"自由变换工具"，然后在属性栏中可以选择"自由变换工具"组中的其他工具，包括"自由旋转工具""自由角度反射工具""自由缩放工具"和"自由倾斜工具"4种，下面对这些工具进行详细介绍。

5.1.1 自由旋转工具

"自由旋转工具"的主要用途是将图形以指定位置为旋转中心进行旋转，可以用鼠标拖动对象进行旋转，也可以在属性栏中输入旋转角度和倾斜角度等选项值来精确旋转对象。首先选中需要旋转的对象，然后单击工具箱中的"自由变换工具"按钮 ，启用"自由变换工具"，单击属性栏中的"自由旋转"按钮 ，切换到"自由旋转工具"，如图 5-1 所示。在绘图页面中单击并拖动鼠标，即可以鼠标单击处为中心旋转对象，如图 5-2 所示。旋转到合适位置后，释放鼠标，效果如图 5-3 所示。旋转后的对象只是角度发生变化，图形效果不会变化。

图 5-1

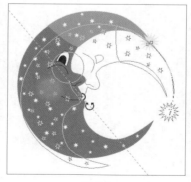

图 5-2

图 5-3

5.1.2 自由角度反射工具

"自由角度反射工具"通过确定反射轴的位置，然后拖动轴做圆周运动来反射对象。反射后的对象其图形效果不发生任何变化。

选择需要调整的图形，如图 5-4 所示。单击工具箱中的"自由变换工具"按钮 ，再单击属性栏中的"自由角度反射"按钮 ，启用"自由角度反射工具"，在绘图页面中单击确定圆心，再拖动对象，如图 5-5 所示。对象会以所单击的点为对称点，在另一边产生镜像后的图形，如图 5-6 所示。

图 5-4

图 5-5

图 5-6

5.1.3 自由缩放工具

"自由缩放工具"主要通过确定缩放中心点位置，然后拖动中心点来更改对象的尺寸。使用该工具对对象进行调整时，可以将对象在水平或垂直方向上任意拖动，产生新的图形效果。

选中对象，如图 5-7 所示。单击工具箱中的"自由变换工具"按钮 ，然后单击属性栏中的"自由缩放"按钮 ，启用"自由缩放工具"，在对象上单击并拖动，如图 5-8 所示。拖动至合适尺寸后释放鼠标，变形后的效果如图 5-9 所示。

图 5-7

图 5-8

图 5-9

5.1.4 自由倾斜工具

"自由倾斜工具"通过确定倾斜轴的位置，然后拖动倾斜轴来倾斜对象。选中要编辑的对象，如图 5-10 所示。单击工具箱中的"自由变换工具"按钮 ，然后单击属性栏中的"自由倾斜"按钮 ，启用"自由倾斜工具"，在对象上单击并按住鼠标左键不放拖动，如图 5-11 所示。释放鼠标后，得到的效果如图 5-12 所示。

图 5-10

图 5-11

图 5-12

5.2 | 修剪对象造型

在 CorelDRAW 中，对一些复杂的不规则图形需要用形状工具组中的工具来绘制。形状工具组包含"形状工具""平滑工具""涂抹工具""转动工具""吸引工具""排斥工具""沾染工具""粗糙工具" 8 种工具，使用这些工具可以对图形的轮廓、形状等进行编辑。其中，只有"形状工具"可以对位图图像进行编辑。

5.2.1 形状工具

"形状工具"的主要作用是对图形的形状进行调整。该工具不仅可以应用于矢量图形，还可以对位图的形状进行调整。应用"形状工具"编辑未转换为曲线的图形时，可以直接对其轮廓进行设置。

首先选取绘制的矩形图形，如图 5-13 所示。将鼠标指针移至矩形图形四周的节点位置，单击并拖动节点，如图 5-14 所示。释放鼠标后即可将矩形图形的转角变为弧形，如图 5-15 所示。

图 5-13

图 5-14

图 5-15

> **知识补充**
>
> 如果所选择的图形为曲线，可以单击属性栏中的"转换曲线为直线"按钮，将曲线转换为直线，然后制作出直线边缘的图形效果；反之则单击属性栏中的"转换直线为曲线"按钮，将直线转换为曲线。

5.2.2 平滑工具

"平滑工具"用于移除锯齿状边缘并减少节点数量，使对象变得平滑。应用"平滑工具"编辑图形时，可以结合属性栏调整笔尖大小、速度和笔压等，控制图像平滑效果。

使用"选择工具"选中要编辑的对象，如图 5-16 所示。单击工具箱中的"平滑工具"按钮，在属性栏中设置合适的参数后，将鼠标指针移到对象上，单击并拖动，如图 5-17 所示。反复拖动后，可以看到原来棱角分明的文字图形变得圆润，如图 5-18 所示。

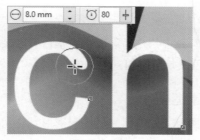

图 5-16   图 5-17   图 5-18

5.2.3 涂抹工具

"涂抹工具"通过沿图形轮廓拉伸或收缩来修改图形的造型。需注意的是，不能将"涂抹工具"应用于嵌入对象、链接图像、网格、遮罩或网状填充的对象，以及具有调和效果与轮廓图效果的对象。应用"涂抹工具"编辑图形时，可以在属性栏中调整笔尖大小、笔压等选项，以控制涂抹效果。

使用"选择工具"选中图形，如图 5-19 所示。单击工具箱中的"涂抹工具"按钮 ，在属性栏中设置选项后在图形轮廓上涂抹，如图 5-20 所示。反复涂抹后，得到的效果如图 5-21 所示。

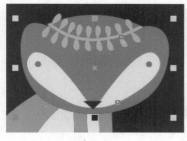

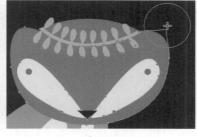

图 5-19   图 5-20   图 5-21

5.2.4 转动工具

"转动工具"是通过沿对象轮廓拖动来添加转动效果。通常用于制作一些具有特殊视觉效果的图形，如搅拌咖啡形成的圆形纹路、冰淇淋上的纹路、水纹等。

使用"选择工具"选中图形，如图 5-22 所示。单击工具箱中的"转动工具"按钮 ，在属性栏中设置"笔尖半径"为 60 mm、"速度"为 80，然后在图形上单击并按住鼠标左键不放，如图 5-23 所示。经过适当时间后释放鼠标，可得到如图 5-24 所示的效果。

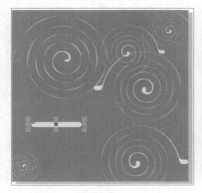

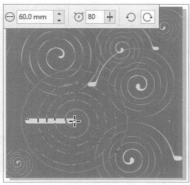

图 5-22   图 5-23   图 5-24

5.2.5 吸引和排斥工具

"吸引工具"和"排斥工具"允许用户通过吸引或推离节点来编辑图形的形状,可以通过设置笔尖半径、吸引或推离节点的速度及笔压来控制图形效果。

1 通过吸引节点为对象造型

"吸引工具"主要通过吸引图形上的节点来使图形变形。使用"选择工具"选中一个对象,如图 5-25 所示。在工具箱中单击"吸引工具"按钮 ▷,在属性栏中设置"笔尖半径"和"速度"选项,设置后在对象外部靠近边缘处单击并向中间拖动,如图 5-26 所示。将"笔尖半径"更改为 50 mm,"速度"保持不变,在图形下方单击并向下拖动鼠标,得到如图 5-27 所示的效果。

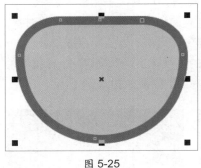
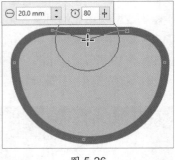

| 图 5-25 | 图 5-26 | 图 5-27 |

2 通过推离节点为对象造型

"排斥工具"的作用与"吸引工具"刚好相反,它主要通过推离图形上的节点来重塑图形。如果需要得到更强烈的变形效果,可以再按住鼠标反复拖动。使用"选择工具"选择要编辑的图形,如图 5-28 所示。然后单击工具箱中的"排斥工具"按钮 ▷,在属性栏中设置"笔尖半径"和"速度"选项,将鼠标指针移到对象外部靠近边缘处,单击并拖动,可以看到拖动时的运动轨迹,如图 5-29 所示。释放鼠标后得到如图 5-30 所示的效果。

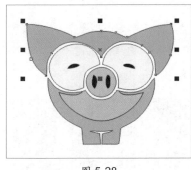
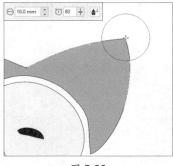
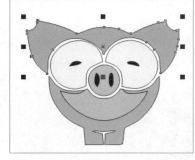

| 图 5-28 | 图 5-29 | 图 5-30 |

5.2.6 沾染工具

使用"沾染工具"在矢量对象外轮廓上拖动,可以改变矢量对象的外形轮廓。单击工具箱中的"形状工具"按钮 ⟨,在展开的工具栏中即可选择"沾染工具" ⟩。选中"沾染工具"后,可在属性栏中调整各项参数,控制图形的变形效果。

选中需要调整的对象,如图 5-31 所示。在工具箱中单击"沾染工具"按钮,在属性栏中设置不同的"笔尖半径",然后在对象上单击并拖动,以确定挤出的方向和长短,如图 5-32 所示。在调整时重叠的位置会被修剪掉,显示出白色的背景颜色,如图 5-33 所示。

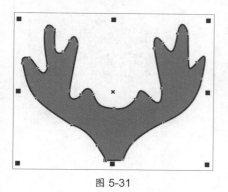

图 5-31

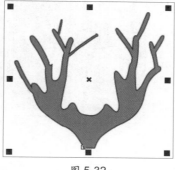

图 5-32

图 5-33

5.2.7　粗糙工具

"粗糙工具"可以沿着对象的轮廓操作,以扭曲对象边缘,但不能对组合对象进行操作。选择"粗糙工具"后,可以在属性栏中设置"粗糙工具"的尖突的频率和方向等。"粗糙工具"主要用于制作褶皱效果,如卡通爆炸头、动物毛发、卡通草等。

使用"选择工具"选中图形,如图 5-34 所示。选择"粗糙工具",在属性栏中设置"笔尖半径"为 20 mm、"尖突的频率"为 10,在对象边缘单击并拖动,即可形成细小且均匀的粗糙尖突效果,如图 5-35 所示。继续拖动鼠标,完成后的效果如图 5-36 所示。

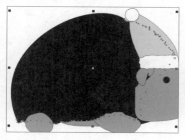

图 5-34

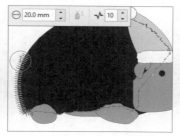

图 5-35

图 5-36

5.3 ｜ 裁剪和擦除对象

裁剪和擦除对象主要应用裁剪工具组中的工具实现。裁剪工具组包括"裁剪工具""刻刀工具""橡皮擦工具""虚拟段删除工具"4 种工具,应用这些工具可以拆分对象,或者删除对象中多余的部分。

5.3.1　裁剪工具

"裁剪工具"通过绘制裁剪框来裁剪多余的对象。在绘制裁剪框时,如果绘制失误,可以单击属性栏中的"清除裁剪选取框"按钮🖫,去除裁剪框,再重新绘制裁剪框。

选中需要裁剪的对象,如图 5-37 所示。单击工具箱中的"裁剪工具"按钮🖫,在对象上绘制裁剪框,如图 5-38 所示,然后拖动裁剪框边缘节点,调整裁剪范围,按 Enter 键或者双击鼠标确认裁剪,效果如图 5-39 所示。

图 5-37　　　　　　　　　　　　图 5-38　　　　　　　　　　　　图 5-39

5.3.2　刻刀工具

　　"刻刀工具"直接使用间隙或叠加切割对象，将其拆分为两个独立的对象，可以选择是将轮廓转换为曲线还是将其保留为轮廓。CorelDRAW X8 软件为"刻刀工具"新增了"手绘模式"和"贝塞尔模式"两种绘制切口的方式，用户可以根据需要选择合适的模式。

　　选中对象，如图 5-40 所示。单击工具箱中的"刻刀工具"按钮，在属性栏中单击"贝塞尔模式"按钮，设置"手绘平滑"值为 0，在对象上绘制切口线条，如图 5-41 所示。绘制完成后，按 Enter 键应用切割，移动切割后图形的位置，效果如图 5-42 所示。

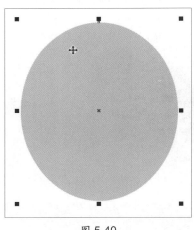

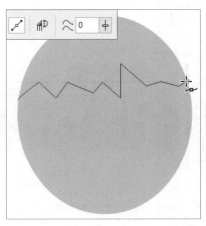

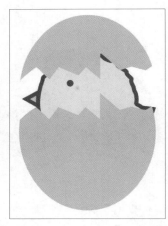

图 5-40　　　　　　　　　　　　图 5-41　　　　　　　　　　　　图 5-42

5.3.3　橡皮擦工具

　　"橡皮擦工具"用于擦除位图或矢量图中不需要的区域。文本和有辅助效果的图形需要转曲后才能应用"橡皮擦工具"进行擦除操作。应用"橡皮擦工具"擦除对象时，需要先选中对象。

　　单击工具箱中的"橡皮擦工具"按钮，在属性栏中设置"形状"为"圆形笔尖"、"橡皮擦厚度"为 2 mm，在对象上单击以确定起点，如图 5-43 所示，移动鼠标指针会出现一条虚线，如图 5-44 所示，移动到合适位置后单击，即可将鼠标经过的直线区域擦除，如图 5-45 所示。然后设置"橡皮擦厚度"为 1 mm，在需要擦除的区域单击并拖动鼠标，即可沿移动路线自由擦除，如图 5-46 所示。

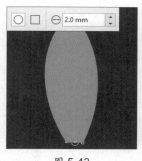

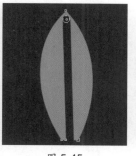

图 5-43　　　　　　　　图 5-44　　　　　　　　图 5-45　　　　　　　　图 5-46

技巧提示

　　使用"橡皮擦工具"在对象中擦除一条间隙后，该对象依然是一个整体，此时按下快捷键 Ctrl+K或执行"对象＞拆分位图/曲线"菜单命令，可以将对象拆分为多个独立的对象。

5.3.4　虚拟段删除工具

　　"虚拟段删除工具"用于移除对象中重叠和不需要的线段。使用"虚拟段删除工具"删除线段后，图形节点是断开的，需要闭合图形后才能进行填充。此外，"虚拟段删除工具"不能对组合的对象、文本、阴影和图像进行操作。

　　绘制图形，如图 5-47 所示。单击工具箱中的"虚拟段删除工具"按钮，将鼠标指针移动到要删除的线段上，当鼠标指针变成 时单击，即可将选中的线段删除，如图 5-48 所示。继续单击删除其余线段，如图 5-49 所示。应用"形状工具"连接节点，闭合图形，进行填充，效果如图 5-50 所示。

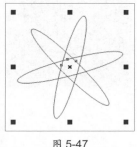
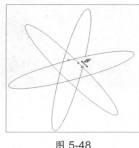
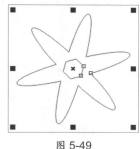

图 5-47　　　　　　　　图 5-48　　　　　　　　图 5-49　　　　　　　　图 5-50

5.4 | 图形节点的编辑

　　节点的编辑主要包括转换节点的类型、调整节点控制线等内容。在绘制图形的过程中，一般难以一次就绘制出理想的图形形状，这时可以应用"形状工具"对图形的节点进行编辑，从而改变图形形状，创建更符合用户需求的图形轮廓。

5.4.1　转换节点类型

　　节点的类型主要有平滑节点、尖突节点和对称节点。在调整图形形状时，可通过"形状工具"来进行节点类型的转换，以得到更准确的轮廓效果。

1 平滑节点

平滑节点可以将有角度的节点变为左右方向上平滑的节点，应用此种方法可以将直线转换为曲线。应用"形状工具"选取要编辑的节点，如图 5-51 所示。单击属性栏中的"平滑节点"按钮，可以看到所选节点发生了变换，图形形状也随之发生了变化，如图 5-52 所示。

2 尖突节点

尖突节点是指将节点变为突出的形状或边缘，可以将扩张的节点向内进行收敛，并调整为向内缩进的形状，并且尖突节点的两条节点控制线互不影响。选中要编辑的节点，如图 5-53 所示。单击属性栏中的"尖突节点"按钮，将原节点转换为尖突的节点，用鼠标拖动节点一边的控制线即可改变图形形状，如图 5-54 所示。

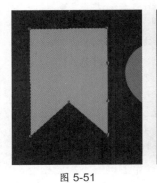
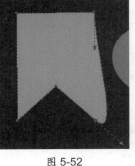

图 5-51   图 5-52

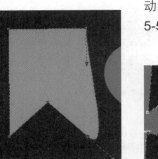
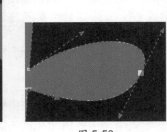
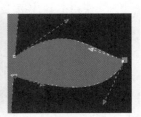

图 5-53   图 5-54

3 对称节点

对称节点可以将同一曲线形状应用到节点的两侧。选中要编辑的节点，如图 5-55 所示。单击属性栏中的"对称节点"按钮，即可在选择的节点左右生成相同长度的控制线，使用这种调整方式能得到平滑的曲线，如图 5-56 所示。

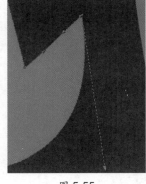
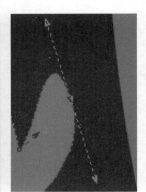

图 5-55   图 5-56

5.4.2 直线与曲线的转换

在 CorelDRAW 中可以应用"转换为线条"和"转换为曲线"功能进行直线与曲线的转换。在转换直线和曲线时，可以通过拖动节点上的控制线，控制图形的外观变化。

1 曲线转换为直线

使用"形状工具"单击选中节点，如图 5-57 所示，然后单击属性栏中的"转换为线条"按钮，单击后可看到曲线转换为直线的效果，如图 5-58 所示。

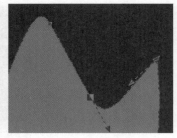

图 5-57   图 5-58

2 直线转换为曲线

使用"形状工具"单击选中节点，如图 5-59 所示，然后单击属性栏中的"转换为曲线"按钮🔃，按住鼠标左键拖动节点上的控制线，将图形调整为弯曲的形状，如图 5-60 所示。

图 5-59

图 5-60

5.4.3 节点的连接与分割

在 CorelDRAW 中，节点的连接与分割是节点编辑中的重要操作。没有闭合的图形无法填充颜色，需要连接节点、闭合图形后才能填充。若要将图形转换为单独的线条，则可以通过分割节点的方式分割图形，使其形成单独的轮廓样式和颜色。

1 节点的连接

节点的连接是将未闭合的曲线进行闭合，对于已进行过颜色填充的图形，闭合后将会用该颜色填充闭合图形。选择"形状工具"，按住 Ctrl 键不放，选中将要闭合处的两个节点，如图 5-61 所示，单击属性栏中的"连接两个节点"按钮🔗，即可闭合图形，效果如图 5-62 所示。

2 节点的分割

分割节点是将闭合的曲线分割为不闭合的曲线，分割后，原本填充颜色的图形将显示为无颜色填充效果。应用"形状工具"选择要分割的节点，如图 5-63 所示。单击属性栏中的"断开曲线"按钮🔗，即可将所选择的节点进行分割，如图 5-64 所示。

图 5-63

图 5-64

> **技巧提示**
>
> 在节点上右击鼠标，在弹出的快捷菜单中执行相应命令，也可连接节点和分割节点。

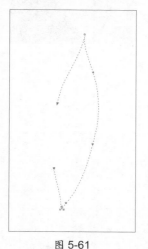
图 5-61

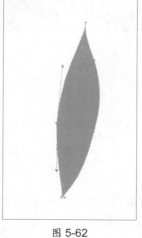
图 5-62

5.4.4 移动、添加和删除节点

用户可以对图形中的节点位置加以调整，也可以根据情况在图形中添加或删除节点，来更好地控制图形的轮廓。

1 移动节点

移动节点是将选中的节点移至不同的位置。移动节点时，如果对选中图形轮廓的全部节点进行移动，则只是移动了图形位置，图形形状并没改变，只有移动单个节点才会改变图形形状。选中"形状工具"，单击需要修改的图形，如图 5-65 所示，选中节点后拖动鼠标进行节点的移动，效果如图 5-66 所示。

图 5-67   图 5-68

3 删除节点

删除节点是通过删除图形上的节点来编辑图形外形。选择"形状工具"，单击图形显示所有节点，然后在需要删除的节点上单击，选中该节点，如图 5-69 所示。按下 Delete 键，删除所选节点，删除后的效果如图 5-70 所示。

图 5-65   图 5-66

2 添加节点

添加节点是指在图形轮廓线上添加一个或多个节点，以增加曲线对象中可编辑线段的数量。选择"形状工具"，单击图形，显示出图形的节点，如图 5-67 所示。单击确定需要添加节点的位置，然后单击属性栏中的"添加节点"按钮 🔘，即可在鼠标单击处添加一个新的节点，如图 5-68 所示。对添加的节点进行编辑，可以调整图形的轮廓。

图 5-69   图 5-70

实例 1   制作花纹图形

各种花纹图形是设计作品中的常用元素，它既可以用做主体对象，也可以用做背景。本实例主要应用"钢笔工具"绘制出基本的图形，再应用"形状工具"对图形进行分割，制作出独特的花纹背景图形，最终效果如图5-71所示。

◎ **原始文件：** 无

◎ **最终文件：** 随书资源\05\源文件\制作花纹图形.cdr

图 5-71

1 执行"文件＞新建"菜单命令，新建一个 200 mm×200 mm 的文件，双击工具箱中的"矩形工具"按钮□，如图 5-72 所示，创建一个与页面同等大小的矩形，如图 5-73 所示。

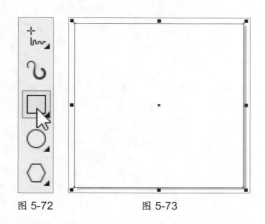

图 5-72   图 5-73

2 选择"钢笔工具"，单击并拖动鼠标绘制一个树叶形状的图形，如图 5-74 所示。

3 再选择"形状工具"，单击图形，选中图形的一个节点，如图 5-75 所示。

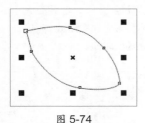 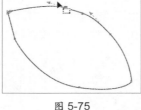

图 5-74   图 5-75

4 单击属性栏中的"平滑节点"按钮，将节点转换为平滑节点，单击节点的控制线，拖动控制线，调整图形，如图 5-76 所示。运用相同的方法对其他节点进行微调，使图形轮廓更加平滑，然后选中一些节点，按 Delete 键，删除节点，调整后的效果如图 5-77 所示。

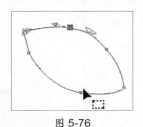 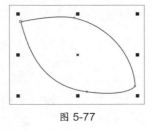

图 5-76   图 5-77

5 运用步骤 2 至步骤 4 的方法绘制更多图形，如图 5-78 所示。执行"窗口＞泊坞窗＞彩色"菜单命令，打开"颜色泊坞窗"，为图形分别填充颜色为 C65、M2、Y35、K0 和 C47、M0、Y24、K0，效果如图 5-79 所示。

图 5-78   图 5-79

6 选中一个图形，选择"刻刀工具"，单击属性栏中的"贝塞尔模式"按钮，设置"剪切跨度"方式为"间隙"、"宽度"为 1 mm，在图形上绘制一条曲线，如图 5-80 所示。绘制完成后，按 Enter 键，分割图形，效果如图 5-81 所示。

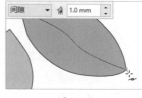 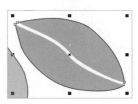

图 5-80   图 5-81

7 使用与步骤 6 相同的方法，运用"刻刀工具"继续分割其他图形，分割后的图形效果如图 5-82 所示。

8 选中所有图形，单击属性栏中的"轮廓宽度"下拉按钮，在展开的下拉列表中选择"无"选项，去除图形轮廓线，如图 5-83 所示。

图 5-82   图 5-83

9 选择"椭圆形工具"，在图形中间绘制 3 个相同大小的圆形，如图 5-84 所示，分别填充颜色为 C17、M100、Y89、K0 和 C0、M58、Y17、K0，并去除轮廓线，效果如图 5-85 所示。

图 5-84

图 5-85

10 继续使用"椭圆形工具"在圆形图形上绘制白色小圆形,如图 5-86 所示。选中绘制的所有图形,按快捷键 Ctrl+G,群组图形,再依次按下快捷键 Ctrl+C 和 Ctrl+V,复制并粘贴图形,然后将复制的图形移到合适的位置上,如图 5-87 所示。

图 5-86

图 5-87

11 选择"自由旋转"工具,在复制的图形上单击并拖动,如图 5-88 所示。将图形旋转到合适角度时释放鼠标,效果如图 5-89 所示。

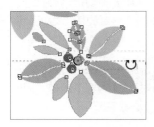

图 5-88

图 5-89

12 选中旋转后的组合图形,按快捷键 Ctrl+U,解散群组。选中一个图形,选择"刻刀工具",单击属性栏中的"手绘模式"按钮,设置"剪切跨度"方式为"间隙"、"宽度"为 1 mm,在图形上绘制线条,如图 5-90 所示,绘制完成后释放鼠标,分割图形,如图 5-91 所示。

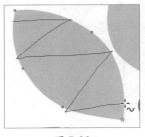

图 5-90

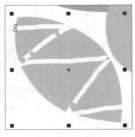

图 5-91

13 继续应用"刻刀工具"分割其他图形,如图 5-92 所示。应用上述步骤中的方法绘制更多的组合图形,如图 5-93 所示。

图 5-92

图 5-93

14 单击工具箱中的"裁剪工具"按钮,在页面中拖动鼠标绘制一个与页面大小相同的裁剪框,如图 5-94 所示。按 Enter 键确认裁剪,裁剪后的效果如图 5-95 所示。

图 5-94

图 5-95

15 继续应用"钢笔工具"和"形状工具"在页面中绘制图形,将图形放置到合适的位置,如图 5-96 所示,完成本实例的绘制。

图 5-96

实例 2 制作镂空图形

　　CorelDRAW拥有强大的图形编辑功能，本实例先应用图形绘制工具绘制简单的图形，再结合"自由旋转"和"自由角度反射"对图形进行变形，并通过编辑图形节点制作出镂空的图形效果，最终效果如图5-97所示。

图 5-97

◎ **原始文件：** 无

◎ **最终文件：** 随书资源\05\源文件\制作镂空图形.cdr

1 执行"文件＞新建"菜单命令，在"创建新文档"对话框中设置页面尺寸为 100 mm× 100 mm，如图 5-98 所示，新建文件后双击工具箱中的"矩形工具"按钮□，创建一个与页面同等大小的矩形，如图 5-99 所示。

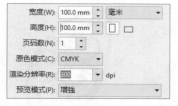

图 5-98　　　　　　　　图 5-99

2 选择"钢笔工具"，在页面中绘制一条直线，如图 5-100 所示。

3 选中直线，单击工具箱中的"转动工具"按钮◉，在属性栏中单击"顺时针转动"按钮⟳，设置"笔尖半径"为 18 mm、"速度"为 60，将鼠标指针放置在直线的右端位置，按住鼠标左键不放，转动图形，如图 5-101 所示。

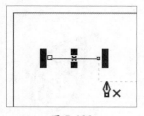

图 5-100　　　　　　　　图 5-101

4 运用步骤 2 和步骤 3 中的方法，再绘制一条直线，使用"转动工具"逆时针转动直

线。转动后选中两个图形，按 F12 键，打开"轮廓笔"对话框，在对话框中设置轮廓"宽度"为 1.5 mm、"线条端头"为圆形，如图 5-102 所示，单击"确定"按钮，效果如图 5-103 所示。

图 5-102　　　　　　　　图 5-103

5 按快捷键 Ctrl+Shift+Q，将线条转换为对象，选中其中一个对象，选择"自由变换工具"，单击属性栏中的"自由旋转"按钮◑，单击对象确定旋转中心，拖动鼠标旋转图形，如图 5-104 所示。运用"选择工具"将旋转后的图形拖动至空白区域，如图 5-105 所示。

图 5-104　　　　　　　　图 5-105

6　选择"自由变换工具"，单击属性栏中的"自由角度反射"按钮🔲和"应用到再制"按钮🔲，单击页面确定旋转中心，拖动轴线，如图5-106所示，拖动后释放鼠标，得到如图5-107所示的效果。

7　单击属性栏中的"水平镜像"按钮🔲，镜像后移动图形的位置，如图5-108所示。

图 5-106　　　　　图 5-107　　　　　图 5-108

8　运用与步骤6和步骤7相同的方法，将另一个对象进行自由变换处理，并移动对象的位置，将所有对象拼合成如图5-109所示的形状，然后应用"钢笔工具"绘制树叶图形，设置轮廓线宽度为1.5 mm，如图5-110所示。

图 5-109　　　　　　　　　图 5-110

9　选择"形状工具"，单击树叶图形，如图5-111所示，单击节点，拖动节点的控制轴，调整曲线的弧度，改变图形形状，如图5-112所示。

图 5-111　　　　　　　　　图 5-112

10　选中树叶形状内的一个对象，如图5-113所示，选择工具箱中的"刻刀工具"，单击"2点线模式"按钮🔲，在对象上绘制一条直线，如图5-114所示，分割对象。

图 5-113　　　　　　　　　图 5-114

11　删除不需要的形状，删除后的效果如图5-115所示。

12　参照上述步骤的方法，结合使用"刻刀工具"和"形状工具"调整树叶图形内的每一个对象，调整后的效果如图5-116所示。

图 5-115　　　　　　　　　图 5-116

13　选中树叶图形内的所有对象，单击属性栏中的"合并"按钮🔲，合并图形，如图5-117所示。

14　选中全部图形，双击图形，将旋转中心拖动至图形左上角，如图5-118所示。

图 5-117　　　　　　　　　图 5-118

15 执行"窗口>泊坞窗>变换>旋转"菜单命令，打开"变换"泊坞窗，如图5-119所示，在泊坞窗中设置"旋转角度"为72°、"副本"为4，单击"应用"按钮，效果如图5-120所示。

图 5-119　　　　　　图 5-120

16 选择"交互式填充工具"，单击属性栏中的"编辑填充"按钮 🔲，打开"编辑填充"对话框，在对话框中设置填充类型及颜色，单击"确定"按钮，将背景填充为渐变色效果，如图5-121所示。

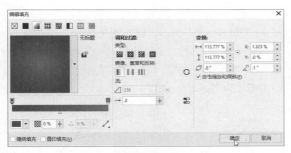

图 5-121

17 选中绘制的花纹图形，将图形填充为白色，并按下快捷键Ctrl+G，群组对象。选择"阴影工具"，单击属性栏中的"预设"下拉按钮，在展开的下拉列表中选择"平面右下"，添加阴影，然后拖动鼠标调整阴影的位置，为背景矩形填充适当颜色，得到如图5-122所示的效果。

图 5-122

18 按下快捷键Ctrl+C和Ctrl+V，复制并粘贴对象，然后调整对象位置，完成镂空图形的制作，最终效果如图5-123所示。

图 5-123

实例3　**应用编辑节点创建复杂的图形**

通过编辑节点可以将图形调整成理想的效果。本实例先应用"钢笔工具"描绘出图形的大概形状，然后使用"形状工具"编辑图形的节点，调整图形，再通过文字及线条形状的应用，最终得到如图5-124所示的图形。

◎ **原始文件：** 无
◎ **最终文件：** 随书资源\05\源文件\应用编辑节点创建复杂的图形.cdr

图 5-124

1 执行"文件＞新建"菜单命令，打开"新建文档"对话框，新建一个横向的 A4 大小的空白文档，如图 5-125 所示。双击工具箱中的"矩形工具"按钮□，创建一个与页面同等大小的矩形，如图 5-126 所示。

图 5-125　　　　　　　图 5-126

2 选择"钢笔工具"，在页面中单击并拖动鼠标绘制曲线，如图 5-127 所示，继续单击并拖动，绘制闭合图形，如图 5-128 所示。

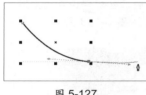
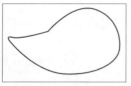

图 5-127　　　　　　　图 5-128

3 选择"形状工具"，选中绘制的图形，单击选中图形上的一个节点，如图 5-129 所示，按 Delete 键删除节点，然后调整图形的其他节点，使图形轮廓更加平滑，调整后的效果如图 5-130 所示。

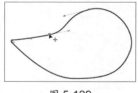
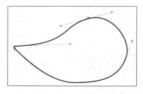

图 5-129　　　　　　　图 5-130

4 继续采用上述步骤的方法，结合使用"钢笔工具"和"形状工具"绘制出其他图形。选中绘制的图形，如图 5-131 所示，单击属性栏中的"简化"按钮🔲，修剪图形，如图 5-132 所示，再将图形移动到合适的位置。

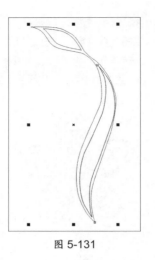

图 5-131　　　　　　　图 5-132

5 选中图形，选择"交互式填充工具"，单击属性栏中的"均匀填充"按钮■，设置填充颜色为 C68、M10、Y0、K0 和 C65、M95、Y100、K62，为图形填充不同的颜色，如图 5-133 所示。

6 选中填充为蓝色的图形，按下快捷键 Ctrl+PageDown，调整图形顺序。单击属性栏中的"轮廓宽度"下拉按钮▾，在展开的下拉列表中选择"无"选项，去除图形的轮廓线，效果如图 5-134 所示。

图 5-133　　　　　　　图 5-134

7 继续使用"钢笔工具"和"形状工具"绘制更多图形，并填充颜色，去除轮廓线，如图 5-135 所示。

8 选择"椭圆形工具"，在图形上绘制一个小圆，填充为白色，去除轮廓线，如图 5-136 所示。

图 5-135　　　　　　　　　图 5-136

图 5-141　　　　　　　　　图 5-142

9 使用"椭圆形工具"在已绘制的白色小圆中间绘制一个小圆形，填充颜色并去除轮廓线，如图 5-137 所示。继续使用"椭圆形工具"绘制更多小圆形，然后填充合适的颜色，并去除轮廓线，绘制后的效果如图 5-138 所示。

12 使用"矩形工具"在页面底部绘制两个矩形，分别填充颜色为 C68、M10、Y0、K0 和 C36、M0、Y100、K0，然后去除矩形的轮廓线，如图 5-143 所示。

图 5-137　　　　　　　　　图 5-138

图 5-143

10 使用"椭圆形工具"在卡通孔雀图形的尾羽上绘制多个椭圆形，填充颜色为 C36、M0、Y100、K0，去除轮廓线，如图 5-139 所示。继续使用"椭圆形工具"绘制更多的圆形，并分别填充合适的颜色，效果如图 5-140 所示。

13 选择"椭圆形工具"，在页面中绘制多个同心圆，如图 5-144 所示。分别选中相邻的两个圆形，单击属性栏中的"简化"按钮，然后删除多余圆形，只保留圆环图形，如图 5-145 所示。

图 5-139　　　　　　　　　图 5-140

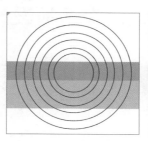
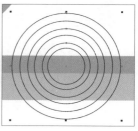

图 5-144　　　　　　　　　图 5-145

11 使用"钢笔工具"绘制一个三角形，填充颜色为 C36、M0、Y100、K0，设置轮廓线颜色为 C65、M95、Y100、K62，作为卡通孔雀的嘴巴，如图 5-141 所示。继续应用"钢笔工具"和"形状工具"在画面右侧绘制花朵和蝴蝶图形，如图 5-142 所示。

14 继续步骤 13 中的操作，制作更多圆环图形，填充颜色为 C36、M0、Y100、K0，并去除轮廓线，如图 5-146 所示。用相同的方法在页面右下角绘制两个圆环，如图 5-147 所示。

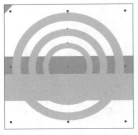

图 5-150

图 5-151

图 5-146 图 5-147

15 选中圆环图形，按快捷键 Ctrl+G 群组图形，选择"裁剪工具"，在页面中绘制裁剪框，如图 5-148 所示，按 Enter 键确认裁剪。用相同的方法裁剪超出页面的图形，效果如图 5-149 所示。

17 使用步骤 16 的操作方法，继续在页面底部的矩形条上绘制不同颜色、粗细的线条，如图 5-152 所示。

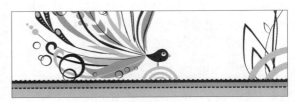

图 5-152

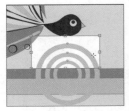

图 5-148 图 5-149

18 选择"文本工具"，在画面中输入文字，完成本实例的制作，如图 5-153 所示。

16 使用"钢笔工具"在图形下方绘制直线，为卡通孔雀添上两只脚，如图 5-150 所示。按 F12 键，打开"轮廓笔"对话框，设置直线宽度为 0.5 mm，样式为直线，颜色为 C65、M95、Y100、K62，单击"确定"按钮，效果如图 5-151 所示。

图 5-153

实例 4　矢量汽车海报设计

本实例主要应用"钢笔工具"绘制出汽车图形的大致轮廓，然后运用"形状工具"编辑图形节点，完善图形，精确绘制矢量汽车图形，再为矢量汽车图形填充颜色，添加素材、文字等，最终效果如图 5-154 所示。

图 5-154

◎ **原始文件：** 随书资源\05\素材\01.cdr
◎ **最终文件：** 随书资源\05\源文件\矢量汽车海报设计.cdr

1 执行"文件＞新建"菜单命令，新建一个 600 mm×800 mm 的空白文档，如图 5-155 所示。双击工具箱中的"矩形工具"按钮□，创建一个与页面同等大小的矩形，如图 5-156 所示。

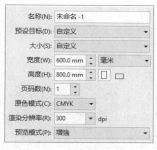

图 5-155　　　　　　　图 5-156

2 选择"钢笔工具"，在页面中绘制汽车的轮廓，如图 5-157 所示。选择"形状工具"，单击汽车轮廓图形，编辑节点，调整轮廓线，如图 5-158 所示。

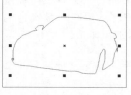
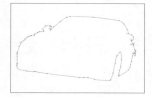

图 5-157　　　　　　　图 5-158

3 继续使用相同的方法，结合"钢笔工具"和"形状工具"绘制车身的其他部分，如图 5-159 所示。

图 5-159

4 应用"选择工具"选中汽车外轮廓线，执行"窗口＞泊坞窗＞彩色"菜单命令，打开"颜色泊坞窗"，在其中设置颜色，单击"填充"按钮，填充颜色，如图 5-160 所示。然后在属性栏中设置"轮廓宽度"为"无"，去除轮廓线，效果如图 5-161 所示。

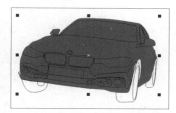

图 5-160　　　　　　　图 5-161

5 使用步骤 4 的操作方法，分别为车窗、车轮等区域填充上不同的纯色效果，如图 5-162 所示。

图 5-162

6 选中车窗图形，依次按下快捷键 Ctrl+C 和 Ctrl+V，复制粘贴图形，将复制的图形填充为白色，如图 5-163 所示。

7 选择"透明度工具"，单击属性栏中的"渐变透明度"按钮，单击"线性渐变透明度"按钮，调整图形渐变透明度，如图 5-164 所示，为车窗添加高光。

图 5-163　　　　　　　图 5-164

8 运用相同的方法继续为汽车其他部分添加高光，效果如图 5-165 所示。

图 5-165

9 选中车的后视镜，选择"网状填充工具"，如图 5-166 所示，先调整网状填充的网格大小，再单击调色板上的白色，编辑网格上的节点颜色，为后视镜增加立体感，效果如图 5-167 所示。

图 5-166   图 5-167

10 使用同样的方法为另一个后视镜也添加高光，编辑填充颜色，结合上述步骤中的方法继续为车身填充颜色，细化车身质感并增加车的立体感，效果如图 5-168 所示，按快捷键 Ctrl+G，群组图形。

图 5-168

11 导入素材文件 01.cdr，如图 5-169 所示。

12 右击导入的素材图像，在打开的快捷菜单中执行"PowerClip 内部"命令，当鼠标指针变成黑色箭头◆时，单击与页面大小相同的矩形，将素材置入到矩形中间位置，效果如图 5-170 所示。

图 5-169   图 5-170

13 选中矩形，单击图形下方浮现的"编辑 PowerClip"按钮，调整背景素材的大小，调整后的效果如图 5-171 所示。

14 选中车身图形，依次按下快捷键 Ctrl+C 和 Ctrl+V，复制并粘贴图形，单击属性栏中的"垂直镜像"按钮，从上至下翻转图形，然后将图形向下移动，准备将其制作为汽车的倒影，如图 5-172 所示。

图 5-171   图 5-172

15 选中翻转后的车身图形，选择"透明度工具"，单击"均匀透明度"按钮，设置"透明度"为 60，制作倒影，如图 5-173 所示。

16 选择"裁剪工具"，绘制一个与页面同等大小的裁剪框，如图 5-174 所示。

图 5-173

图 5-174

18 选择"文本工具",在页面中输入文字,并调整文字的字体、大小、颜色,如图 5-176 所示,完成本实例的绘制。

图 5-175

图 5-176

17 按下 Enter 键,确认裁剪,裁剪后的图形效果如图 5-175 所示。

5.5 本章小结

本章主要讲解了较为复杂的图形的绘制和编辑技术,包括自由变换图形、修改对象的造型及通过调整图形的节点完成图形的变形等。通过本章的学习,读者能够掌握更多图形编辑工具的使用方法和应用技巧,并且能够灵活运用所学,完成更精美的图形设计。

5.6 课后练习

1.填空题

(1)自由变换工具组包含_____、_____、_____、_____4种工具。

(2)图形的节点类型有_____种,分别是_____、_____、_____。

(3)应用"自由变换工具"时,单击属性栏中的_____按钮,可以将变换应用到再制对象。

(4)转曲的快捷键是_____。

2.问答题

(1)"刻刀工具"与"橡皮擦工具"的主要区别是什么?

(2)形状工具组包含哪几种工具?一般最常用的是什么工具?

(3)如何添加节点?添加节点后,如何删除节点?

(4)对一个组合图形应用"虚拟段删除工具"删除线段后,如何才能填充图形?

3.上机题

(1)用"排斥工具"绘制狗和骨头,效果如图5-177所示。

(2)绘制镂空图形,效果如图5-178所示。

图 5-177

图 5-178

读书笔记

　　CorelDRAW不仅具有较为强大的图形对象处理功能，编排文字的能力也非常强，并且可以对添加的文字应用特效。在CorelDRAW中，可以应用"文本工具"在页面中分别输入美术字和段落文本，再通过对文本的调整创建更工整的版式效果。

6.1 | 添加文本

　　CorelDRAW 提供了多种添加和处理文本的方式，可以添加美术字和段落文本两种类型的文本对象。其中美术字又叫点文字，适合于单个字或较短的文本行；段落文本适合用来表现文字较多的文档，如通讯录或手册等。

6.1.1 添加美术字

　　添加美术字可以使用工具箱中的"文本工具"实现，选择文本工具后，在页面中需要添加美术字的位置单击，出现插入点后输入文字即可。

　　打开需要添加文字的页面，如图 6-1 所示，单击工具箱中的"文本工具"按钮字，在属性栏中设置要输入文字的字体、大小等选项，然后将鼠标指针移到页面中，如图 6-2 所示，单击后在插入点后输入文字，输入后的效果如图 6-3 所示。

图 6-1

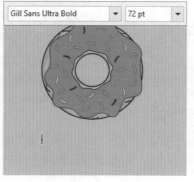
图 6-2

图 6-3

　　使用"文本工具"输入的文字默认为横向排列。输入文字后，可以通过单击属性栏中的相应按钮更改文字的排列方向。单击"将文本更改为垂直方向"按钮，可以将横向排列的文字更改为纵向排列；单击"将文本更改为水平方向"按钮，则会将纵向排列的文字更改为横向排列。选中文本对象，如图 6-4 所示，在属性栏中单击"将文本更改为垂直方向"按钮，更改文字排列方向，效果如图 6-5 所示。

图 6-4

图 6-5

6.1.2　添加段落文字

段落文字的添加也需要使用"文本工具"，与添加美术字不同的是，创建段落文字时需要先在页面中绘制一个文本框，再在文本框中输入文字，并通过属性栏调整段落文字的对齐方式等。

选择工具箱中的"文本工具"，在需要添加段落文字的位置单击并拖动鼠标，如图 6-6 所示，当拖动到一定的大小后，释放鼠标即可形成文本框，如图 6-7 所示。最后在文本框中输入文字即可，效果如图 6-8 所示。

图 6-6

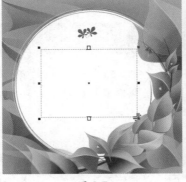
图 6-7

图 6-8

6.2　设置文字的外观

应用"文本工具"在页面中添加文字后，还可以应用属性栏或"文本属性"泊坞窗中的选项对文字的外观效果做进一步的设置，例如更改文字字体、调整文字颜色等。

6.2.1　设置文字字体与字号

在添加文字前可以通过"文本工具"属性栏或"文本属性"泊坞窗对文字的字体进行设置，对于页面中已有的文字，也可以应用属性栏和"文本属性"泊坞窗做相应的调整。

1　在属性栏中设置文字字体

选择"文本工具"后，在属性栏中的"字体列表"中可以为新文本或所选文本选择一种字体。要更改已有文字字体时，使用"文本工具"在需要更改的文字上单击并拖动，选中文字，如图 6-9 所示，然后在属性栏的"字体列表"中选择其他字体，更改字体的效果如图 6-10 所示。

图 6-9

图 6-10

2 在"文本属性"泊坞窗中设置字体

除了使用属性栏更改文字字体，也可以使用"文本属性"泊坞窗更改文字字体。应用"文本工具"选取需要更改的文本，如图 6-11 所示，执行"窗口＞泊坞窗＞文本＞文本属性"菜单命令，打开"文本属性"泊坞窗，在"字符"选项卡中显示了当前所选文字的字体，如图 6-12 所示。

单击"字体列表"下拉按钮，在展开的列表中选择合适的字体，选择后即可在绘图窗口中看到所选文字的字体更改效果，如图 6-13 所示。

图 6-11　　　　　　　　　　图 6-12　　　　　　　　　　图 6-13

3 更改文字大小

对于页面中的文字，不但可以更改其字体，还可以更改其大小。文字大小也可以通过属性栏或"文本属性"泊坞窗中"字符"选项卡下的"字体大小"选项进行设置。用户可以选用预设的大小，也可以直接输入数值。

以预设大小为例，选中需要更改大小的文本对象，此时属性栏中显示大小值为 72 pt，如图 6-14 所示，单击"字体大小"下拉按钮，在展开的列表中选择要设置的文字大小，设置为 36 pt 时，效果如图 6-15 所示。

图 6-14　　　　　　　　　　图 6-15

6.2.2　设置文字颜色

颜色是影响观感的重要因素，不同颜色的文字能够带给人不同的感受。在 CorelDRAW 中，用户可以根据需要应用调色板或"文本属性"泊坞窗中的"文本颜色"选项，为新文本或所选文本设置文字颜色。

1 使用调色板设置颜色

如果要将文字设置为纯色填充效果，可以应用 CorelDRAW 提供的调色板更改文字颜色。应用"选择工具"选中文本对象，如图 6-16 所示，打开调色板，单击调色板中的色标，如图 6-17 所示。可以看到选中的文本对象被更改为相应的颜色，如图 6-18 所示。

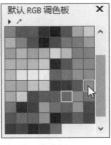

图 6-16   图 6-17   图 6-18

2　应用"文本属性"泊坞窗设置颜色

使用"文本属性"泊坞窗也可以更改文字颜色。在"文本属性"泊坞窗中的"字符"选项卡下，不但可以指定填充颜色，还可以指定填充类型，为文字设置渐变填充、图样填充等效果。选中需要更改颜色的文本对象，如图 6-19 所示，在"文本属性"泊坞窗中单击"填充类型"下拉按钮，在展开的列表中选择"渐变填充"类型，如图 6-20 所示。在右侧的"文本颜色"选项中设置要填充的颜色，设置后即为文字填充渐变颜色，如图 6-21 所示。

图 6-19   图 6-20   图 6-21

6.2.3　设置字符轮廓

在 CorelDRAW 中，可以应用"字符"选项卡中的"轮廓宽度"选项为新文本或选中的文本指定轮廓线宽度，设置的参数值越大，得到的轮廓线就越粗。默认情况下，轮廓宽度为"无"。

选中需要添加轮廓线效果的文本对象，如图 6-22 所示。打开"文本属性"泊坞窗，单击"轮廓宽度"下拉按钮，在展开的列表中选择轮廓线宽度值，在"轮廓颜色"选项中指定轮廓线颜色，如图 6-23 所示。如图 6-24 所示即为文字添加白色轮廓线后的效果。

图 6-22   图 6-23   图 6-24

6.3 | 段落的调整

为了让创建的段落文本更适合版面整体布局，可以再对段落文本的属性加以调整。在 CorelDRAW 中，可以通过"文本属性"泊坞窗调整段落文本的对齐方式、行距、分栏等。

6.3.1 设置段落文本对齐方式

"文本属性"泊坞窗中的"段落"选项卡下提供了多种用于设置段落文本对齐方式的按钮，包括"无水平对齐"按钮、"左对齐"按钮、"居中"按钮、"右对齐"按钮、"两端对齐"按钮和"强制两端对齐"按钮。选取需要编辑的段落文本，单击相应的对齐按钮即可应用该对齐方式对齐段落文本。

应用"选择工具"选中需要更改对齐方式的段落文本对象，如图 6-25 所示。打开"文本属性"泊坞窗，切换至"段落"选项卡，单击选项卡下的"居中"按钮，如图 6-26 所示，效果如图 6-27 所示。

图 6-25

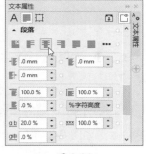
图 6-26

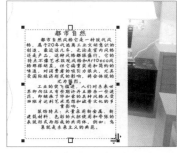
图 6-27

6.3.2 设置段落行间距

行间距指的是行与行之间的距离。在 CorelDRAW 中，常用的调整段落行间距的方法有两种：一种是通过"文本属性"泊坞窗精确调整行间距，另一种是通过拖动文本框控制符调整行间距。下面介绍具体的操作方法。

1 通过"文本属性"泊坞窗精确设置行间距

应用"选择工具"选中需要调整行间距的段落文本对象，如图 6-28 所示。单击"文本工具"属性栏中的"文本属性"按钮。或者按下快捷键 Ctrl+T，打开"文本属性"泊坞窗，单击"段落"按钮，展开"段落"选项卡，在"垂直间距单位"下拉列表框中选择行间距的度量单位（包括"% 字符高度""点""点大小的 %"3 种），在"行间距"后的数值框中输入合适的数值，如图 6-29 所示。设置后即根据该数值调整行间距，效果如图 6-30 所示。

图 6-28

图 6-29

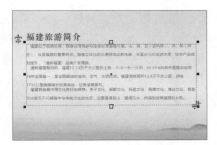
图 6-30

2 通过拖动方式快速调整行间距

应用"选择工具"选中页面中的段落文本对象后，文本框右下角会出现朝右和朝下的箭头图标，如图 6-31 所示。单击并拖动朝下的箭头图标即可快速调整段落文本的行间距，如图 6-32 所示。也可以选择"形状工具"，单击段落文本，在文本框左下角和右下角会出现两个控制符号，如图 6-33 所示，上、下拖动左下角的符号就可以调整文本的行间距。

图 6-31

图 6-32

图 6-33

6.3.3 设置段落字符间距

字符间距是指字与字之间的距离。在 CorelDRAW 中既可以使用"文本属性"泊坞窗调整字符间距，也可以通过拖动控制符号调整字符间距。

1 通过"文本属性"泊坞窗精确设置字符间距

选中需要调整字符间距的段落文本，如图 6-34 所示。单击"文本工具"属性栏中的"文本属性"按钮 A，打开"文本属性"泊坞窗，单击"段落"按钮 ≡，展开"段落"选项卡，可以看到默认的"字符间距" ab 为 20.0%，根据需要重新输入数值，如图 6-35 所示，被选中的段落文本字符间距就会做出相应的调整，如图 6-36 所示。

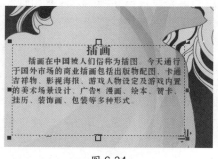
图 6-34

图 6-35

图 6-36

2 通过拖动方式快速调整字符间距

通过拖动方式调整字符间距的方法与调整行间距的方法相似。应用"选择工具"选中段落文本对象，在文本框右下角就会出现朝右和朝下的箭头图标，如图 6-37 所示。单击并拖动朝右的箭头图标，就可以快速调整字符间距，如图 6-38 所示。同样也可以应用"形状工具"单击选中段落文本对象，在文本框左下角和右下角会出现两个控制符号，如图 6-39 所示，左、右拖动右下角的符号就可以调整字符间距。

图 6-37　　　　　　　　　图 6-38　　　　　　　　　图 6-39

6.3.4　添加分栏

在 CorelDRAW 中，可以在文本框中添加分栏效果，即将段落文本分栏排列。选择一个段落文本对象，如图 6-40 所示。单击"文本属性"泊坞窗上方的"图文框"按钮，跳转到相应选项卡，如图 6-41 所示。在"栏数"数值框中键入要添加到文本框中的栏的数量，按下 Enter 键确认，就能在文本框中添加相应的栏，同时自动调整文本框的宽度，用户可以根据需要再对文本框的宽度加以调整，使文字能够更工整地显示于文本框中，效果如图 6-42 所示。

图 6-40　　　　　　　　　图 6-41　　　　　　　　　图 6-42

6.3.5　调整分栏大小

对于包含栏的文本框，可以再对栏的大小进行调整。如需手动调整栏宽或栏间宽度，则先使用"选择工具"选中包含栏的文本框，然后选择"文本工具"，移动鼠标指针至文本框边缘线位置，鼠标指针将会变为双向箭头，如图 6-43 所示。此时单击并拖动，就可以任意调整栏宽或栏间宽度，效果如图 6-44 所示。

图 6-43　　　　　　　　　　　　　图 6-44

如需设置精确的宽度值或栏间宽度值，可单击"文本属性"泊坞窗中的"栏"按钮⋯，如图 6-45 所示。在打开的"栏设置"对话框中即可输入合适的宽度或栏间宽度值，并且可以重新指定文本框中的栏数，如图 6-46 所示。设置后单击"确定"按钮，即可完成宽度和栏间宽度的调整，效果如图 6-47 所示。

图 6-45

图 6-46

图 6-47

6.4 文本环绕

合理地处理图形与文字之间的关系是创造优秀版面效果的关键，因此，在处理文本时，除了一些基本的调整与编辑外，还可以创建文本环绕效果，即将段落文本环绕在对象、美术字或文本框周围。

6.4.1 将段落文本环绕在对象周围

在"对象属性"泊坞窗中，用户可以为当前选中的文本对象设置不同样式的绕排效果。先选中要在其周围环绕文本的对象，如图 6-48 所示。执行"窗口＞泊坞窗＞对象属性"菜单命令，打开"对象属性"泊坞窗，单击泊坞窗上方的"摘要"按钮🖼，下方会显示环绕选项，从"段落文本换行"列表☰中选择一种文本围绕对象排列的方式，如图 6-49 所示。得到的文本环绕对象效果如图 6-50 所示。

图 6-48

图 6-49

图 6-50

> ### 📄 知识补充
>
> 应用"对象属性"面板可以垂直或水平位移美术字和段落文本中的字符，或者对它们进行旋转以产生特殊的效果。应用"文本工具"选中一个或多个字符后，单击"对象属性"泊坞窗中"字符"选项卡底部的箭头按钮，显示更多选项，其中"字符水平偏移"选项 x 用于调整文字的左、右位置，设置为正数时字符向右移动，为负数时字符向左移动；"字符垂直偏移"选项 Y 用于调整文字的上、下位置，设置为正数时字符向上移动，为负数时字符向下移动；"字符角度"选项 ф 用于指定选中文字的旋转角度，设置为正数时字符逆时针旋转，为负数时字符顺时针旋转。

6.4.2 自定义文本与对象的距离

用户对文本进行环绕设置时，可以应用"文本换行偏移"选项调整环绕的文本与对象之间的距离，设置的数值越大，文本与对象之间的距离也就越宽。应用"选择工具"选中已设置环绕效果的对象，如图 6-51 所示。打开"对象属性"泊坞窗，单击"摘要"按钮，显示环绕文本选项，在"文本换行偏移"数值框中重新设置偏移值，如图 6-52 所示。设置后按下 Enter 键确认调整，效果如图 6-53 所示。

图 6-51

图 6-52

图 6-53

6.4.3 移除环绕效果

如果对已创建的文本环绕效果不是很满意，可以将其移除。选择环绕的文本或其环绕的对象，如图 6-54 所示。然后在"对象属性"泊坞窗中单击"摘要"按钮，显示环绕文本选项，在"段落文本换行"下拉列表中选择"无"选项，如图 6-55 所示。设置后即可取消文本环绕效果，如图 6-56 所示。

图 6-54

图 6-55

图 6-56

6.5 创建路径文字

在设计排版过程中，有时候会需要一些特殊的文字形式来修饰画面。默认情况下，使用"文本工具"输入的文字会以水平或垂直方式工整地排列，那么如何让文字更加灵活地排列呢？这时就需要创建路径文字。CorelDRAW 允许文字沿着各种各样的路径排列，路径可以是开放的也可以是闭合的。

6.5.1 沿路径边缘添加文字

在 CorelDRAW 中要沿路径边缘添加路径文字，需要在绘图页面中运用绘图工具绘制路径，如果已经绘制了路径，则用"选择工具"选中路径，如图 6-57 所示，执行"文本＞使文本适合路径"菜单命令，此时自动选中"文本工具"，将鼠标指针移到绘制的路径上，鼠标指针将变为↳形，如图 6-58 所示。单击并输入文字，输入的文字即会沿着路径边缘排列，效果如图 6-59 所示。

图 6-57　　　　　　　　　　图 6-58　　　　　　　　　　图 6-59

6.5.2　在封闭路径中输入文字

除了可以沿路径边缘排列文字，还可以将文字置于封闭的路径内。其操作方法与沿路径边缘添加文字的方法类似，不同的是添加文字的路径为封闭的图形。

应用"选择工具"选中需要在其中输入文字的封闭图形，执行"文本＞使文本适合路径"菜单命令，将鼠标指针移到路径边缘位置，当鼠标指针变为↳形时单击，如图 6-60 所示。此时路径中会出现一个与路径相同形状的文本框和插入点，如图 6-61 所示，即可在文本框中输入文字，效果如图 6-62 所示。

图 6-60　　　　　　　　　　图 6-61　　　　　　　　　　图 6-62

6.5.3　设置路径文字位置

创建路径文字后，可以结合属性栏中的选项，调整路径中的文字朝向、文字与路径间的距离，以及指定偏移值，使文字远离或靠近路径的终点或起点等。文字与路径距离与位置的设置只对沿路径边缘创建的文字有效，而不能应用于置于路径中的文字。

打开创建了路径文字的素材文件，如图 6-63 所示。使用"选择工具"单击页面中的路径文字，即可显示如图 6-64 所示的属性栏，在属性栏中单击"文本方向"下拉按钮，在展开的列表中选择文本的总体朝向，在"与路径的距离"数值框中输入文字与路径的距离值，在"偏移"数值框中输入文字与路径终点或起点的偏移距离，设置后按下 Enter 键即可完成路径文字的调整，如图 6-65 所示。

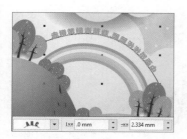

图 6-63

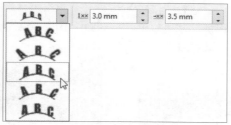

图 6-64

图 6-65

实例 1　制作美食杂志内页

　　文字在版面中能起到非常重要的作用，本实例通过将拍摄的美食照片导入到页面中，再将相应的文字导入到图像旁，结合"文本工具"和"文本属性"泊坞窗，调整文字的字体、大小等属性，创建美食杂志内页效果，最终效果如图6-66所示。

◎　**原始文件：** 随书资源\06\素材\01.jpg～12.jpg、
　　　文字介绍（文件夹）

◎　**最终文件：** 随书资源\06\源文件\制作美食杂志
　　　内页.cdr

图 6-66

1 创建一个 420 mm×285 mm 的空白文档。用"矩形工具"绘制一个 210 mm×285 mm 的矩形，如图 6-67 所示。

2 执行"文件＞导入"菜单命令，将素材文件 01.jpg 导入到页面右侧，如图 6-68 所示。

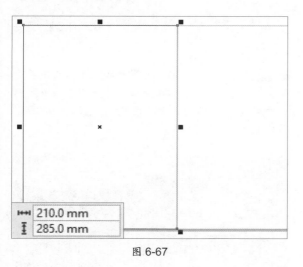

210.0 mm
285.0 mm

图 6-67

图 6-68

3 确认置入的图像为选中状态，执行"对象＞
PowerClip＞置于图文框内部"菜单命令，
将鼠标指针移到绘制的矩形上，鼠标指针会变为
实心箭头，如图 6-69 所示。

图 6-69

4 单击将导入的图像置入到矩形中，并通过编
辑将图像移到矩形中间，如图 6-70 所示。

图 6-70

5 继续将更多的美食照片导入到页面中，然后
应用相同的方法绘制图形，创建图文框，将
多余的图像隐藏，如图 6-71 所示。

图 6-71

6 单击工具箱中的"文本工具"按钮字，在绘
图页面左侧输入英文"Delicious food"，
如图 6-72 所示。

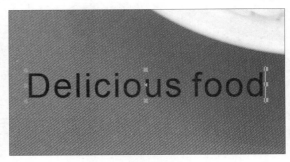

图 6-72

7 单击"文本工具"属性栏中的"文本属性"
按钮，在打开的"文本属性"泊坞窗中设
置"字符"属性，更改文字的字体、大小及填充颜
色，如图 6-73 所示。

图 6-73

8 使用"文本工具"在黄色英文下方单击并输
入文字"品味成都美食"，然后在"文本属
性"泊坞窗中设置"字符"属性，更改字体和字号，
如图 6-74 所示。

图 6-74

9 选择"文本工具",在已输入文字下方单击并拖动鼠标,绘制文本框,如图 6-75 所示。执行"文件＞导入"菜单命令,将"品味成都美食 .txt"中的文本内容导入到绘制的文本框中,如图 6-76 所示。

图 6-75

图 6-76

技巧提示

执行"文件＞导入"菜单命令,导入文本时,会弹出"导入/粘贴文本"对话框,在此对话框中可以根据需要选择只导入文本或连文本格式一同导入。

10 打开"文本属性"泊坞窗,在"字体列表"中重新选择合适的字体,并设置文字大小为 8.0 pt,效果如图 6-77 所示。

图 6-77

11 单击"文本属性"泊坞窗上方的"段落"按钮,跳转到段落属性,设置"首行缩进"为 6 mm,如图 6-78 所示,创建段落首行缩进效果。

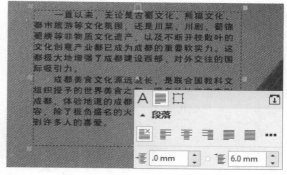

图 6-78

12 继续使用同样的方法,应用"文本工具"在页面右侧的美食图像旁边添加更多对应的文字信息,设置后的效果如图 6-79 所示。

图 6-79

13 使用"选择工具"选中其中一个文本框,单击"文本属性"泊坞窗中的"图文框"按钮,跳转到图文框属性,单击下方的"栏"按钮,如图 6-80 所示。

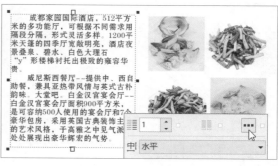

图 6-80

14 打开"栏设置"对话框，设置"栏数"为 2、"栏间宽度"为 2.5 mm，设置后单击"确定"按钮，如图 6-81 所示。

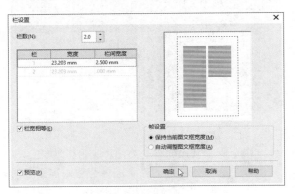

图 6-81

15 此时在绘图窗口中能够看到双栏显示的文字效果，如图 6-82 所示。

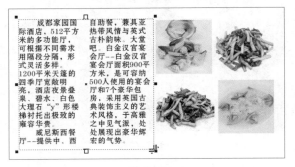

图 6-82

16 使用"选择工具"选中另外一个文本框，单击"文本属性"泊坞窗中的"图文框"按钮，跳转到图文框属性，单击下方的"栏"按钮，如图 6-83 所示。

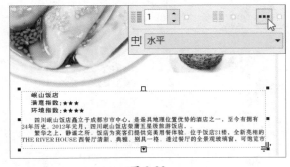

图 6-83

17 打开"栏设置"对话框，设置"栏数"为 3、"栏间宽度"为 2.5 mm，然后单击"确定"按钮，如图 6-84 所示。

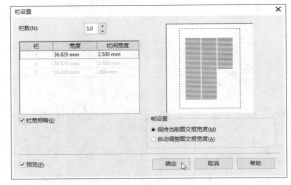

图 6-84

18 此时文本框中文字以 3 栏方式显示，如图 6-85 所示。

图 6-85

19 单击工具箱中的"星形工具"按钮☆，在属性栏中设置选项，然后在文字旁边绘制星形效果，如图 6-86 所示，最后复制出更多的星形图案，并将其移至合适位置，完成本实例的制作。

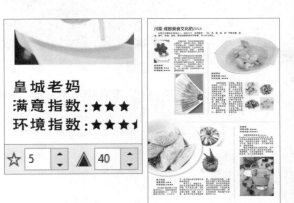

图 6-86

商场活动宣传单设计

　　图形与文字的结合能够让文档页面变得更加完整。本实例使用"文本工具"在绘制好的背景图像中输入文字，并设置与之相似的文本颜色，再通过文字的大小、颜色等一些细微的变化，突出文字的主次关系，制作出商场活动宣传单，最终效果如图6-87所示。

　◎ **原始文件：** 随书资源\06\素材\13.cdr、
　　　　　　　14.psd、15.psd
　◎ **最终文件：** 随书资源\06\源文件\商场活动
　　　　　　　宣传单设计.cdr

图 6-87

1 执行"文件＞打开"菜单命令，打开素材文件 13.cdr，单击工具箱中的"文本工具"按钮字，在页面中单击并输入文字"New Spring"，如图 6-88 所示。

3 单击"文本属性"按钮，打开"文本属性"泊坞窗，单击"字符"按钮A，跳转到字符属性，在下方将文字填充颜色更改为绿色，如图 6-90 所示。

图 6-88

图 6-90

2 选中输入的文字，在"文本工具"属性栏中更改已输入文字的字体和大小，如图 6-89 所示。

4 单击"文本属性"泊坞窗上方的"段落"按钮，跳转到段落属性，在"字符间距"数值框中将数值更改为 0，缩小字符间距，如图 6-91 所示。

图 6-89

图 6-91

5 选择"文本工具",在"New Spring"下方单击并输入文字"约惠春天",如图 6-92 所示。

图 6-92

6 打开"文本属性"泊坞窗,单击"字符"按钮A,跳转到字符属性,然后在下方设置字体、大小及填充颜色等,如图 6-93 所示,更改后的文字效果如图 6-94 所示。

图 6-93   图 6-94

7 确保"文本工具"为选中状态,在文字"惠"上单击并拖动,选中单个文本对象,如图 6-95 所示。

图 6-95

8 在"文本属性"泊坞窗中单击"文本颜色"选项右侧的倒三角形按钮,在展开的调色

板中设置颜色,如图 6-96 所示,更改选中文字的颜色,得到如图 6-97 所示的文字效果。

图 6-96   图 6-97

9 单击"文本属性"泊坞窗中的"段落"按钮,跳转到段落属性,设置"字符间距"为 -10.0%,如图 6-98 所示,使文字显得更紧凑一些。

图 6-98

10 结合"钢笔工具"和"矩形工具"在文字下方绘制修饰图形,如图 6-99 所示。

图 6-99

11 选择"文本工具",在绘制的图形上输入文字"寻找春天最美的你",输入后打开"文本属性"泊坞窗,在"字符"选项卡下方设置文字字体、大小等属性,如图 6-100 所示,在页面中查看设置后的文字效果,如图 6-101 所示。

图 6-100

New Sp.

约惠

寻找春天最美的你

图 6-101

12 单击"文本属性"泊坞窗上方的"段落"按钮，跳转到段落属性，输入"字符间距"为 220%，使文字置于白色矩形中间位置，如图 6-102 所示。

图 6-102

13 选择工具箱中的"椭圆形工具"，在页面中绘制 3 个正圆图形，并为其填充合适的颜色。执行"文件＞导入"菜单命令，导入礼盒素材 14.psd，复制多个礼盒图像，并将其分别置于绘制的圆形右侧，如图 6-103 所示。

图 6-103

14 在工具箱中单击"文本工具"按钮，在圆形上单击并拖动鼠标，创建一个文本框，如图 6-104 所示。

15 在创建的文本框中输入文字，结合"文本属性"泊坞窗，调整文字的字体、大小、间距等，得到如图 6-105 所示的段落文本效果。

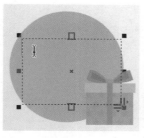

图 6-104　　　　　图 6-105

16 应用"选择工具"选中段落文本，依次按下快捷键 Ctrl+C 和 Ctrl+V，复制并粘贴段落文本，然后根据具体活动内容，更改文本框中的文字信息，如图 6-106 所示。

图 6-106

17 单击"文本工具"按钮，在页面中单击并输入相应文字。然后打开"文本属性"泊坞窗，设置字符属性，如图 6-107 所示。

图 6-107

18 单击"文本属性"泊坞窗中的"段落"按钮，跳转到段落属性，设置"字符间距"为 -5%，如图 6-108 所示。

图 6-108

19 选择"文本工具",在"活动一"下方单击并拖动鼠标,绘制一个文本框,在文本框中输入相应文字,更改文字字体和大小,效果如图 6-109 所示。

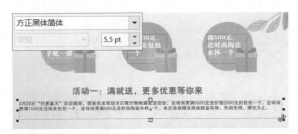

图 6-109

20 单击"文本属性"泊坞窗中的"段落"按钮▤,跳转到段落属性,单击"居中"按钮▤,将文本置于文本框中间位置,设置"行间距"为 125%、"字符间距"为 0,如图 6-110 所示。

21 继续使用同样的方法在页面中添加更多的文本,完成本实例的制作,最终效果如图 6-111 所示。

图 6-110

图 6-111

实例 3　添加文字制作网店优惠券

本实例将应用CorelDRAW中的文字编辑功能,在导入的图像中绘制简单的图形,使用"文本工具"输入文字并对其进行适当的变形设置,完成网店优惠券的设计,最终效果如图6-112所示。

图 6-112

◎ **原始文件:** 随书资源\06\素材\16.cdr、17.ai、18.psd
◎ **最终文件:** 随书资源\06\源文件\添加文字制作网店优惠券.cdr

---

1 执行"文件>打开"菜单命令,打开 16.cdr,单击工具箱中的"文本工具"按钮字,在页面中单击并输入文字"先领券后购物",如图 6-113 所示。

2 选中文本对象,在属性栏中设置字体为"方正综艺简体"、"字体大小"为 140 pt,效果如图 6-114 所示。

图 6-113

图 6-114

3 单击"文本工具"按钮字，在文字"领券"
上单击并拖动，选中这两个文字，如图 6-115
所示。

图 6-115

4 在"文本工具"属性栏中将"字体大小"更
改为 180 pt，放大文字，使其更突出，如图
6-116 所示。

图 6-116

5 单击"文本属性"按钮 ^o，打开"文本属性"
泊坞窗，单击"文本颜色"右侧的倒三角形
按钮，在打开的调色板中设置颜色，更改文本颜色，
如图 6-117 所示。

图 6-117

6 单击"文本属性"泊坞窗中的"段落"按
钮，跳转到段落属性，设置"字符间距"
为 -10%，缩小字符间距，如图 6-118 所示。

图 6-118

7 选取工具箱中的"选择工具"，选中设置后
的文本对象，执行"对象＞转换为曲线"菜
单命令，对文本进行转曲，得到文本形状，如图 6-119
所示。

图 6-119

技巧提示

要将文字转换为曲线有多种方法：方法一
是执行"对象＞转换为曲线"菜单命令；方
法二是右击文本对象，在弹出的快捷菜单中
执行"转换为曲线"命令；方法三是选中文
本后按下快捷键Ctrl+Q。

8 再次单击转曲后的文字图形，显示倾斜手柄，
单击并向右拖动，创建倾斜的文字效果，如
图 6-120 所示。

图 6-120

9 复制倾斜后的文字图形，单击"默认 RGB 调
色板"中的"深褐"色标，将复制的文字图
形填充为深褐色，如图 6-121 所示。

图 6-121

10 执行"对象>顺序>向后一层"菜单命令，将深褐色文字移动至黄色文字下方，再适当调整文字位置，得到投影效果，如图 6-122 所示。

图 6-122

11 选择"矩形工具"，在文字下方单击并拖动，绘制一个矩形图形，然后单击"椭圆形工具"按钮，在矩形左下角位置绘制一个较小的圆形，如图 6-123 所示。

图 6-123

12 执行"窗口>泊坞窗>变换>位置"菜单命令，打开"变换"泊坞窗，在"位置"选项卡下设置 X 为 14.5 mm、"副本"为 35，单击"应用"按钮，如图 6-124 所示。

图 6-124

13 此时根据设置的变换选项，再制出多个同等大小的圆形，如图 6-125 所示。

图 6-125

14 选择工具箱中的"选择工具"，在页面中单击并拖动，框选矩形和下方的所有圆形，选中后的效果如图 6-126 所示。

图 6-126

15 单击属性栏中的"合并"按钮，合并图形，效果如图 6-127 所示。

图 6-127

16 单击工具箱中的"交互式填充工具"按钮 ，在属性栏中单击"均匀填充"按钮 ，设置填充颜色为黄色，为合并后的图形填充颜色，如图 6-128 所示。

图 6-128

17 单击工具箱中的"文本工具"按钮 ，在图形上单击输入"10"，单击属性栏中的"文本属性"按钮 ，打开"文本属性"泊坞窗，在字符属性下设置文字的字体、大小及填充颜色，如图 6-129 所示。设置后得到如图 6-130 所示的文字效果。

图 6-129　　　　　图 6-130

18 单击"文本属性"泊坞窗中的"段落"按钮 ，跳转到段落属性，设置"字符间距"为 -50%，如图 6-131 所示。根据设置得到更紧凑的文字效果，如图 6-132 所示。

图 6-131　　　　　图 6-132

19 继续结合"文本工具"和"文本属性"泊坞窗，在页面中输入更多的文字信息，输入后使用"矩形工具"在优惠券中间绘制白色矩形条，将其隔开，如图 6-133 所示。

图 6-133

20 执行"文件＞导入"菜单命令，将素材图像 17.psd 和 18.ai 导入到页面中，如图 6-134 所示。

图 6-134

21 应用"选择工具"选中天猫头像，连续执行"对象＞顺序＞向后一层"菜单命令，调整对象顺序，将其置于优惠券下方，最终效果如图 6-135 所示。

图 6-135

6.6 | 本章小结

文字往往能够提升整个设计版面的美感，达到突出主题的作用。CorelDRAW 提供了较为完善的文字编辑功能，本章围绕文字的创建与编辑进行了讲解，包括文字的输入、更改文字字体和颜色、编辑段落文本等内容。读者通过本章的学习，能够掌握文字的处理方法，并能应用所学知识独立设计艺术化的文字。

6.7 | 课后练习

1．填空题

（1）文本的排列方向分为_____和_____。

（2）"文本属性"泊坞窗包含_____、_____和_____3种属性。

（3）一般情况下，输入的美术字都会被软件默认为_____，不过用户可以通过属性栏和泊坞窗进行调整。

（4）CorelDRAW提供了_____、_____、_____、_____、_____和_____6种段落对齐方式，默认选择_____。

2．问答题

（1）美术字和段落文本有什么区别？

（2）有哪些方法可以打开"文本属性"泊坞窗？

（3）使文本环绕路径有哪些方法？

3．上机题

（1）打开随书资源\06\课后练习\素材\01.cdr，如图6-136所示，添加文字制作时尚杂志封面效果，如图6-137所示。

图 6-136　　　　　图 6-137

（2）打开随书资源\06\课后练习\素材\02.cdr，在页面中添加文字并调整文字属性，制作画册内页效果，如图6-138和图6-139所示。

图 6-138　　　　　图 6-139

特效工具的应用

第7章

在CorelDRAW中，主要是通过应用特效工具为图形图像创建特殊效果。通过这些特效工具，可以创建出透镜效果、阴影效果、轮廓图效果及各种变化等，让图形图像的表现力更加丰富。

7.1 透镜效果

CorelDRAW 中的透镜效果利用了照相机镜头的原理，可模拟将镜头放在对象上产生的效果，如放大、鱼眼、反转等。透镜效果只会改变对象的观察方式，不会改变对象本身的属性。透镜可以应用在 CorelDRAW 中创建的任何封闭图形上，也可用来改变位图的视觉效果，但是它不能应用在群组对象或已经使用了交互式立体化、轮廓图等效果的对象上。

7.1.1 应用透镜

在 CorelDRAW 中，应用"透镜"泊坞窗可以为对象指定透镜效果。执行"效果＞透镜"菜单命令，即可打开"透镜"泊坞窗，该泊坞窗包含多种透镜类型，用户可以根据需要选择适合的透镜类型，并调整其参数。

打开素材文件，使用"椭圆形工具"在位图图像上方绘制一个椭圆图形，选中绘制的图形，如图 7-1 所示。执行"效果＞透镜"菜单命令，打开"透镜"泊坞窗，单击"透镜效果"右侧的下三角按钮·，在展开的列表中选择"放大"透镜，如图 7-2 所示。可以看到椭圆中的图像被放大显示，效果如图 7-3 所示。

图 7-1

图 7-2

图 7-3

📄 **知识补充**

在"透镜"泊坞窗中有一个"移除表面"复选框，勾选该复选框时，系统只允许透镜在被覆盖的地方显示；如果要冻结透镜的当前视图，则勾选"冻结"复选框，即在移动透镜时不改变透过透镜显示的内容。

7.1.2 编辑透镜

在创建透镜后，可以编辑透镜，以更改透镜影响其下方区域的方式。例如，可以通过更改绘图窗口中的透镜视点，来显示绘图的任何部分。视点表示通过透镜可查看的内容的中心点，用户可以根据需要将视点定位到绘图窗口中的任何位置。

选择一个应用透镜的对象，如图 7-4 所示。打开"透镜"泊坞窗，勾选"视点"复选框，单击"编辑"按钮，如图 7-5 所示。在泊坞窗中输入新的 X 和 Y 值，如图 7-6 所示。设置后单击"End"按钮，即可完成视点的调整，效果如图 7-7 所示。

图 7-4 　　　　　　　　　图 7-5 　　　　　　　　　图 7-6 　　　　　　　　　图 7-7

7.1.3 复制透镜

应用透镜之后，可以复制透镜并将其应用于其他对象。选择要将透镜复制到的对象，如图 7-8 所示。执行"效果>复制效果>透镜自"菜单命令，然后单击要从中复制透镜的对象，如图 7-9 所示，即可将单击对象中所应用的透镜复制到要应用透镜的新对象上，如图 7-10 所示。

 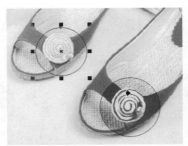 

图 7-8 　　　　　　　　　图 7-9 　　　　　　　　　图 7-10

7.2 | 阴影效果

在 CorelDRAW 中使用"阴影工具"可以为选中的对象快速添加逼真的阴影效果。应用"阴影工具"不仅可以为矢量图形和位图图像添加阴影，还可以为群组的图形添加阴影，用户可根据实际需要创建阴影。

7.2.1 创建阴影效果

使用"阴影工具"可以为选中的对象添加任意角度的阴影效果。打开需要添加阴影的素材文件，如图 7-11 所示。单击工具箱中的"阴影工具"按钮，再单击需要添加阴影的对象，然后在对象上单击并拖动，直到阴影的大小符合需要为止，如图 7-12 所示。释放鼠标即可为对象添加阴影效果，如图 7-13 所示。

图 7-11

图 7-12

图 7-13

7.2.2 创建预设的阴影效果

使用"阴影工具"时，可以应用属性栏提供的"预设"选项，快速为对象添加阴影效果。选中需要添加阴影的对象，如图 7-14 所示。单击工具箱中的"阴影工具"按钮 □，在属性栏中单击"预设"下拉按钮，选择预设的阴影，如图 7-15 所示。对所选对象添加预设阴影的效果如图 7-16 所示。

图 7-14

图 7-15

图 7-16

> **知识补充**
>
> "阴影工具"属性栏中的"阴影的不透明度"用于设置阴影的透明度，设置的参数越小，得到的阴影效果越接近于透明；"阴影羽化"用于设置阴影边缘的羽化程度，设置的参数越大，得到的阴影边缘越柔和。

7.2.3 更改阴影方向

为对象添加阴影后，可以应用属性栏中的"羽化方向"选项更改阴影的羽化方向。选择"阴影工具"，单击选中添加了阴影的对象，如图 7-17 所示。单击属性栏中的"羽化方向"按钮 □，在展开的列表中选择羽化方向选项，如图 7-18 所示。选择后所选对象上的阴影将自动切换为相应的效果，如图 7-19 所示。

图 7-17

图 7-18

图 7-19

7.2.4 指定阴影颜色

默认情况下，阴影颜色为黑色，用户可以根据设计需要更改阴影颜色。单击"阴影工具"按钮
，将鼠标指针移至添加了阴影的对象上，单击选中对象的阴影，如图 7-20 所示。单击属性栏中的"阴
影颜色"选项，打开颜色挑选器，如图 7-21 所示。在颜色挑选器中单击或输入数值，即可更改阴
影颜色，效果如图 7-22 所示。

图 7-20

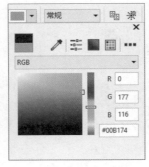

图 7-21

图 7-22

7.2.5 拆分阴影和对象

创建阴影之后，为了更好地控制阴影本身，可以将阴影与对象分离。选择"阴影工具"，单击
选中对象的阴影，如图 7-23 所示。执行"对象＞拆分阴影群组"菜单命令，即可拆分阴影和对象，
如图 7-24 所示。对于拆分后的阴影对象，可以应用"选择工具"选中并对其效果进行调整，如图
7-25 所示。

图 7-23

图 7-24

图 7-25

技巧提示

使用"阴影工具"为对象添加阴影后，选择添加阴影的对象，使用鼠标拖动终点处的色块，可
以调整阴影的角度和延伸长度。

7.2.6 清除阴影

如果不需要阴影，可以将其清除。选择对象的阴影，如图 7-26 所示。单击"阴影工具"属性
栏中的"清除阴影"按钮，或者执行"效果＞清除阴影"菜单命令，如图 7-27 所示，即可将选
中的阴影清除，效果如图 7-28 所示。

图 7-26 图 7-27 图 7-28

7.3 | 轮廓图效果

　　在 CorelDRAW 中应用"轮廓图工具"可以轻松为所选对象创建轮廓图效果。通常情况下轮廓图效果只能作用于单个对象，而不能同时作用于两个或两个以上的对象。创建轮廓图效果后，还可以通过设置轮廓颜色和填充颜色，使轮廓图对象与原对象之间产生自然的颜色渐变效果。

7.3.1 创建轮廓图

　　"轮廓图工具"与"轮廓笔"工具有些相似，不同的是，"轮廓笔"工具只能沿对象外侧边缘设置一条轮廓线，而"轮廓图工具"可以分别在对象内部或外部创建多条轮廓线，并且可以调整这些轮廓线之间的距离、颜色等。

　　单击工具箱中的"轮廓图工具"按钮 ，单击需要添加轮廓线的对象，如图 7-29 所示。当鼠标指针的形状变为轮廓状时，单击并向中心拖动起始手柄，如图 7-30 所示。释放鼠标后就可以在对象中创建内部轮廓图，如图 7-31 所示。如果需要创建外部轮廓图，则向远离中心的方向拖动。

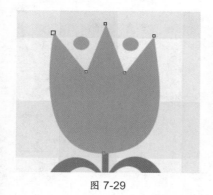 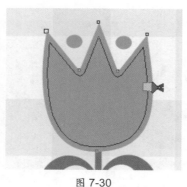 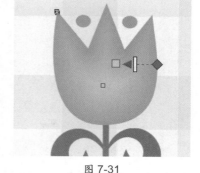

图 7-29 图 7-30 图 7-31

技巧提示

　　为对象勾画轮廓线后，单击"轮廓图工具"属性栏中的"到中心"按钮 ，可以创建由对象边缘到中心放射的轮廓图效果；单击"内部轮廓"按钮 ，可将轮廓应用到对象内部；单击"外部轮廓"按钮 ，可将轮廓应用到对象外部。

7.3.2　指定轮廓图的步长

应用"轮廓图工具"属性栏中的"轮廓图步长"选项可以指定轮廓图的层数，设置的参数值越大，创建的轮廓图的层数就越多，反之则越少。只有将轮廓应用到对象内部或外部时，才能设置步长，对于"到中心"的轮廓则不能调整步长。

单击工具箱中的"轮廓图工具"按钮，单击选择轮廓图对象，如图7-32所示，此时属性栏中的"轮廓图步长"选项旁会显示当前对象所应用的"轮廓图步长"为9。将"轮廓图步长"更改为3时，可以看到较少层次的轮廓图效果，如图7-33所示；将"轮廓图步长"更改为14时，可以看到较多层次的轮廓图效果，如图7-34所示。

图 7-32

图 7-33

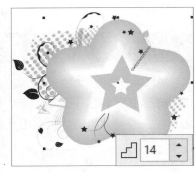
图 7-34

7.3.3　轮廓图的偏移设置

轮廓图偏移的数值决定了轮廓之间的距离，数值越大，轮廓越向中间靠拢，数值越小，则轮廓越向边缘靠拢。打开素材图形，为其添加轮廓图效果，如图7-35所示。在不更改轮廓图步长的情况下，设置"轮廓图偏移"值为1 mm，得到如图7-36所示的效果；设置"轮廓图偏移"值为3 mm，得到如图7-37所示的效果。

图 7-35

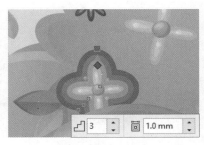
图 7-36

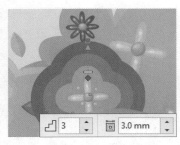
图 7-37

7.3.4　设置轮廓图对象的轮廓色

为对象勾画轮廓图以后，可以更改"轮廓色"选项，重新设置轮廓色的颜色渐变序列。在更改轮廓图对象的轮廓色时，如果没有显示渐变的轮廓色效果，则是因为起始对象没有应用轮廓色。单击工具箱中的"轮廓图工具"按钮，选择轮廓图对象，如图7-38所示。在属性栏中单击"轮廓色"下拉按钮，在展开的颜色挑选器中单击选择所需的轮廓线颜色，如图7-39所示。设置后即可为轮廓图对象应用新的轮廓线颜色，并与开始的白色轮廓线产生渐变过渡效果，如图7-40所示。

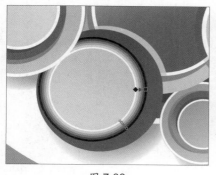

图 7-38

图 7-39

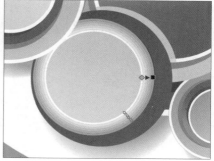

图 7-40

7.3.5 设置轮廓图对象的填充颜色

除了可以更改轮廓线颜色外，还可以调整轮廓图对象的填充颜色。应用"轮廓图工具"单击选择轮廓图对象，然后在属性栏中单击"填充色"下拉按钮，在弹出的颜色挑选器中选择所需颜色，如图 7-41 所示，设置后起始对象的填充色与中间轮廓的填充色就会产生渐变效果，如图 7-42 所示，此时若增加"轮廓图偏移"值，则可以更清楚地看到颜色的过渡变化，如图 7-43 所示。

图 7-41

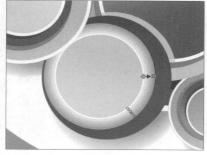

图 7-42

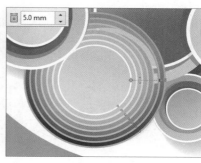

图 7-43

7.4 | 调和对象

CorelDRAW 中的调和功能对绘制矢量图来说是一项非常重要的功能，使用"调和工具"可以使两个分离的矢量图形对象之间产生形状、颜色、轮廓及尺寸上的平滑变化，对象的外形、填充方式、节点位置和步数都会直接影响调和结果。"调和工具"需要在两个或两个以上的对象上应用，可以制作出炫酷的立体效果图。

7.4.1 创建调和效果

"调和工具"经常用于在对象中创建逼真的阴影和高光效果。先绘制两个用于制作调和效果的对象，如图 7-44 所示，单击工具箱中的"调和工具"按钮 ，在调和的起始对象上按住鼠标左键不放，然后拖动到终止对象上，如图 7-45 所示，释放鼠标即可创建图形的调和效果，如图 7-46 所示。

<table>
<tr><td>图 7-44</td><td>图 7-45</td><td>图 7-46</td></tr>
</table>

7.4.2 指定调和步长

创建调和效果后，可以应用"调和工具"属性栏中的"调和对象"选项更改调和的步长数或步长间距。在"调和对象"数值框中单击微调按钮 ，可更改调和的步长数，也可以直接输入参数值更改步长数。设置的参数越大，颜色过渡越自然。用"选择工具"选中创建的调和对象，分别设置调和对象步长为 20 和 180 时，得到如图 7-47 和图 7-48 所示的效果。

<table>
<tr><td>图 7-47</td><td>图 7-48</td></tr>
</table>

7.4.3 指定调和颜色序列

创建调和效果时，调和类型直接影响调和后的图形效果。"调和工具"属性栏提供了"直接调和""顺时针调和"和"逆时针调和" 3 种调和类型。默认情况下，选中"直接调和"按钮 ，将设置由一个颜色到另一个颜色的过渡色，如图 7-49 所示；单击"顺时针调和"按钮 ，将按色谱顺时针方向逐渐调和，如图 7-50 所示；单击"逆时针调和"按钮 ，将按色谱逆时针方向逐渐调和，如图 7-51 所示。

<table>
<tr><td>图 7-49</td><td>图 7-50</td><td>图 7-51</td></tr>
</table>

7.4.4 对象和颜色加速

"对象和颜色加速"控制的是图形之间过渡的速度和颜色的变换速度。选中调和的对象，如图7-52所示，单击属性栏中的"对象和颜色加速"按钮，即可打开"对象和颜色加速"选项区，选择所添加调和的图形效果，拖动选区中的滑块，调整后的图形效果如图7-53所示，可以看到滑块越向左，图形之间的变化速度越慢。若要单独调整对象或颜色的变换速度，可以单击"锁定"按钮，解除锁定，再拖动左侧的滑块，如图7-54所示。

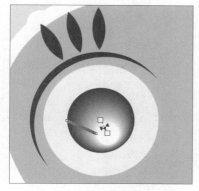

图 7-52

图 7-53

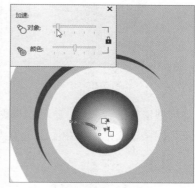

图 7-54

7.4.5 复制调和

创建调和后，可以将其设置复制到其他对象。复制调和时，新对象采用所有调和相关设置，但不包括原对象的轮廓和填充属性。选择要调和的两个对象，如图7-55所示。执行"效果＞复制效果＞调和自"菜单命令，如图7-56所示。然后将鼠标指针移到要复制其属性的调和对象上，单击即可复制调和效果，如图7-57所示。

图 7-55

图 7-56

图 7-57

7.5 变形效果

应用"变形工具"可以对绘制的矢量图形进行快速的变形。在 CorelDRAW X8 中，应用"变形工具"变形时，不仅可以选择预设的变形效果变形图形，还可以自行选择变形方式并设置选项，控制变形效果。

7.5.1 应用预设变形

"变形工具"的属性栏提供了多种预设的变形效果，可以对所选图形快速应用变形。选中需要变形的对象，如图 7-58 所示。单击工具箱中的"变形工具"按钮口，然后在属性栏中单击"预设"下拉按钮，在展开的列表中选择预设变形选项，如"扭曲"，如图 7-59 所示。选择后即可对所选图形应用该变形效果，如图 7-60 所示。

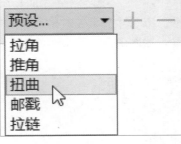

图 7-58 图 7-59 图 7-60

创建变形效果后，还可以将菱形定位手柄拖动到一个新位置，调整变形的中心，如图 7-61 所示。还可以移动变形手柄中心上的节点，调整变形后的对象外形等，如图 7-62 所示。

图 7-61 图 7-62

7.5.2 自定义变形

"变形工具"为用户提供了 3 种自定义变形，分别为推拉变形、拉链变形和扭曲变形，可以得到千变万化的变形效果。

1 创建推拉变形效果

推拉变形通过推进或拉出对象的边缘使对象变形。使用"矩形工具"绘制矩形，如图 7-63 所示。选择"变形工具"，单击属性栏中的"推拉变形"按钮 ⊕，设置"推拉振幅"值为 30，将矩形的节点向外扩张，产生的推拉效果如图 7-64 所示。

图 7-63 图 7-64

选择"推拉变形"时，属性栏中的"推拉振幅"选项用于控制对象的扩充或收缩效果。

变形后的对象上会显示变形的控制线和控制点，白色菱形控制点用于控制中心点的位置，箭头右侧的白色矩形控制点用于控制推拉振幅。继续向右移动矩形控制点，得到如图7-65所示的变形效果；移动矩形控制点至左侧，或在属性栏中设置"推拉振幅"为负数，产生的变形效果如图7-66所示。

图 7-65

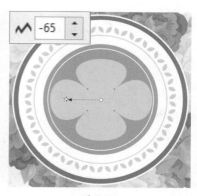

图 7-66

2 创建拉链变形效果

拉链变形将锯齿效果应用于对象的边缘。使用"椭圆形工具"绘制椭圆，如图7-67所示。选择"变形工具"，单击属性栏中的"拉链变形"按钮，设置"拉链振幅"和"拉链频率"，或直接在图形上拖动控制点和控制滑块，产生锯齿效果，如图7-68所示。

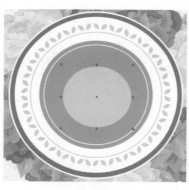

图 7-67

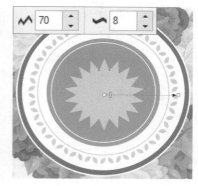

图 7-68

选择"拉链变形"时，属性栏中的"拉链振幅"选项用于调整锯齿的高度，"拉链频率"选项用于调整锯齿的数量。

变形图形后，在对象上同样会显示变形的控制线和控制点，通过箭头右侧的白色矩形控制点可以调整锯齿的高度，拖动位于菱形控制点和矩形控制点中间的白色条状滑块，可以调整锯齿的数量，如图7-69所示即为移动控制点后得到的变形效果。此外，还可以继续在变形的图形上拖动，创建叠加的"拉链变形"效果，如图7-70所示。

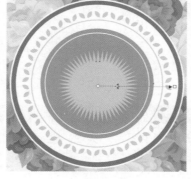

图 7-69

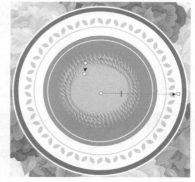

图 7-70

3 创建扭曲变形效果

扭曲变形通过旋转对象创建旋涡效果，可以调整效果的旋转方向、圈数及度数。绘制一个花样造型，如图 7-71 所示。选择"变形工具"，单击属性栏中的"扭曲变形"按钮⊠，设置"附加度数"为 75°，产生的变形效果如图 7-72 所示。

图 7-71

图 7-72

默认情况下图形是按顺时针方向进行旋转扭曲的，用户可以单击属性栏中的"逆时针旋转"按钮◯，逆时针旋转扭曲图形，如图 7-73 所示。此外，属性栏的"完整旋转"选项用于设置变形的完整旋转次数，设置"完整旋转"为 5，得到的效果如图 7-74 所示。

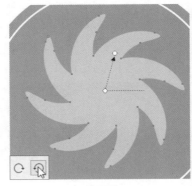

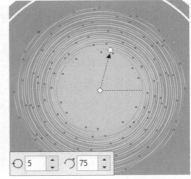

图 7-73

图 7-74

7.5.3 复制变形属性

创建变形后，可以将其复制到其他未应用变形的对象上，使其他对象产生相同的变形效果。选择要应用变形的对象，如图 7-75 所示。执行"效果＞复制效果＞变形自"菜单命令，然后将鼠标指针移到已变形的对象上，如图 7-76 所示。单击已变形的对象，即可对所选对象应用相同的变形效果，如图 7-77 所示。

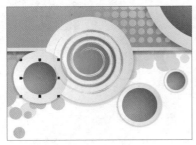

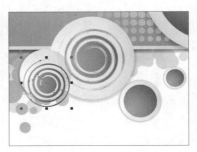

图 7-75

图 7-76

图 7-77

技巧提示

复制变形属性也可以使用"属性滴管工具"实现。选择"属性滴管工具"，单击属性栏中的"效果"展开工具栏，勾选"变形"复选框后单击"确定"按钮，单击要复制其变形效果的对象，切换到应用对象属性模式，再单击要应用变形效果的对象即可。

7.5.4 清除变形

如果对应用的变形效果不是很满意，可以将其清除。清除变形只能清除最近应用的变形，如果图形中多次应用了变形设置，则需要反复执行清除变形操作，才能将图形恢复到未应用变形时的状态。

选择一个已变形的对象，如图 7-78 所示。单击"变形工具"属性栏中的"清除变形"按钮，或者执行"效果＞清除变形"菜单命令，如图 7-79 所示。执行菜单命令后即清除所选对象上应用的变形，如图 7-80 所示。

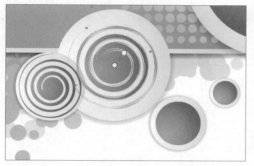

图 7-78 图 7-79 图 7-80

7.6 封套效果

在 CorelDRAW 中可以为对象添加封套效果，使对象整体形状随着封套外形的变化而变化。创建封套效果时，可以应用预设封套变形对象，也可以根据实际需求调整封套节点，改变对象形状。在改变封套形状时，可以使用节点编辑工具对封套的每一个节点进行处理，例如更改节点位置或性质及增加或删除节点等。

7.6.1 应用"封套工具"为对象造型

在 CorelDRAW 中，使用"封套工具"可以为对象创建丰富的变形效果。该工具属性栏提供了非强制模式、直线模式、单弧模式、双弧模式 4 种工具模式，以及水平、垂直、原始和自由变形 4 种映射模式，用户可以根据需要选择合适的工具和映射模式，创建不同造型的对象效果。

选择对象，单击工具箱中的"封套工具"按钮，该对象周围会显示蓝色的封套边界框，如图 7-81 所示。在属性栏中设置工具模式和映射模式，单击并拖动边界框上的节点，如图 7-82 所示。即可根据拖动幅度大小，改变对象形状，如图 7-83 所示。

图 7-81 图 7-82 图 7-83

📑 **知识补充**

"封套工具"提供了4种工作模式，作用分别是："非强制模式"下可以任意拖动封套上的节点，更改封套边线的类型和节点类型，从而得到理想的效果；"直线模式"下可以对封套上的节点进行水平或垂直移动，使封套外形呈直线式变化；"单弧模式"下可以水平或垂直拖动封套的节点，在封套图形中添加单弧形曲线变化；"双弧模式"下可以水平或垂直拖动封套的节点，在封套图形中添加双弧曲线变化，即S形弧线。

7.6.2 应用"封套"泊坞窗改变对象外形

要创建封套效果，除了使用"封套工具"外，还可以使用"封套"泊坞窗。"封套"泊坞窗提供了多种预设的封套变形效果，用户只需单击即可应用。

选中一个对象，如图 7-84 所示。执行"效果＞封套"菜单命令，打开"封套"泊坞窗，单击泊坞窗中的"添加预设"按钮，在下方的样式表中单击选择一个预设的封套样式，如图 7-85 所示。最后单击"应用"按钮，即可对所选对象快速应用封套效果，如图 7-86 所示。

图 7-84   图 7-85   图 7-86

7.6.3 复制封套效果

应用"封套工具"改变对象形状后，可以将其复制到其他对象上，为其应用相同的封套效果。选择要应用封套的对象，如图 7-87 所示。执行"效果＞复制效果＞建立封套自"菜单命令，将鼠标指针移到需要复制封套的对象上，如图 7-88 所示。单击鼠标即可为所选对象应用相同的封套样式，如图 7-89 所示。

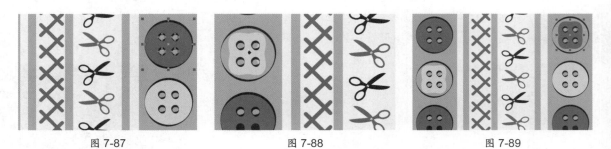

图 7-87   图 7-88   图 7-89

除了应用"建立封套自"菜单命令复制封套效果外，还可以应用属性栏中的"复制封套属性"按钮进行复制。单击"封套工具"按钮，选择要应用封套的对象，如图 7-90 所示，单击属性栏中的"复制封套属性"按钮，然后单击带有要复制封套效果的对象，如图 7-91 所示，复制对象上的封套样式，效果如图 7-92 所示。

 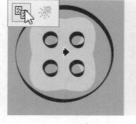  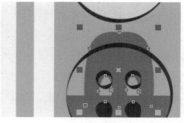

图 7-90 　　　　　　　　图 7-91 　　　　　　　　图 7-92

7.6.4　编辑封套的节点和线段

为对象应用封套样式后，用户还可以编辑封套上的节点、改变线段的外形，对封套对象做进一步的编辑与调整，创建不同形状的对象效果。

1 更改节点的位置

对于应用封套的对象，可以选择并更改节点位置，改变对象的形状特征。单击工具箱中的"封套工具"按钮，选择带有封套的对象，将鼠标指针移至需要移动的节点上，单击选中节点，如图 7-93 所示。将选中的节点拖动至新的位置即可，如图 7-94 所示。

图 7-93 　　　　　　　　图 7-94

2 添加或删除节点

为了准确控制对象的外形，可以在封套中间添加或删除节点。将鼠标指针移到需要添加节点的位置，如图 7-95 所示，双击鼠标即可在该位置添加新的节点，如图 7-96 所示。

图 7-95 　　　　　　　　图 7-96

如果需要删除封套上的节点，则把鼠标指针移到需要删除的节点上，如图 7-97 所示，双击鼠标即可删除该节点，如图 7-98 所示。

图 7-97 　　　　　　　　图 7-98

3 更改曲线弯曲度

如果要对封套线段进行调整，则将鼠标指针移至需要调整的线段上，如图 7-99 所示。当鼠标指针变为 形时，单击并拖动即可更改线段的弯曲程度，如图 7-100 所示。

图 7-99   图 7-100

4 将封套线段改为直线或曲线

若封套线段为直线，选择封套节点，如图 7-101 所示，单击属性栏中的"转换为曲线"按钮，即可将线段转换为曲线，通过拖动控制柄更改曲线形状，如图 7-102 所示。

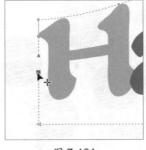

图 7-101   图 7-102

如果封套线段为曲线，选择封套节点，如图 7-103 所示，单击属性栏中的"转换为线条"按钮 ，即可将曲线段转换为直线，转换后的效果如图 7-104 所示。

图 7-103   图 7-104

知识补充

"封套工具"属性栏中有3个更改节点类型的按钮，分别为"尖突节点"按钮 、"平滑节点"按钮 和"对称节点"按钮 。"尖突节点"通过将节点转换为尖突节点来在曲线中创建一个锐角，"平滑节点"通过将节点转换为平滑节点来提高曲线的圆滑度，"对称节点"可将同一曲线形状应用到节点的两侧。

7.6.5 清除封套

清除封套是将对象周围应用"封套工具"添加的封套效果删除。在清除封套时，只能清除最近一次应用的封套效果，如果对对象应用了多个封套，需要重复执行清除封套操作，才能将对象还原到未应用封套时的效果。

选中应用"封套工具"编辑后的图形，如图 7-105 所示。单击属性栏中的"清除封套"按钮 ，或者执行"效果＞清除封套"菜单命令，如图 7-106 所示，将封套删除后的效果如图 7-107 所示。

图 7-105 图 7-106 图 7-107

7.7 立体化效果

创建立体化效果是指通过投射对象上的点并将对象与阴影部分连接起来，以产生三维立体效果。在 CorelDRAW 中可以为矢量图形和文字创建立体化效果，但是不能为位图图像创建立体化效果。创建立体化效果后，可以调整其属性更改对象外观，也可将设置的立体化属性复制或克隆到选定对象中。

7.7.1 快速应用立体化效果

在 CorelDRAW 中，使用"立体化工具"可以创建不同类型的三维立体效果，并且可以对创建的立体模型的填充颜色、立体阴影的方向及光源位置加以调整，控制立体模型效果。应用"立体化工具"为对象创建立体化效果时，可以选择预设的立体化效果，也可以拖动鼠标进行创建。

1 使用预设的立体化效果

选择"立体化工具"后，在属性栏中会显示"预设列表"，该列表提供了多个软件预先设置好的立体化效果，通过单击就能轻松对对象应用该立体化效果。使用"选择工具"选中对象，如图 7-108 所示。单击工具箱中的"立体化工具"按钮，单击属性栏中的"预设列表"下拉按钮，在展开的列表中选择一个预设选项，如图 7-109 所示，即可为所选对象应用相应的立体化效果，如图 7-110 所示。

图 7-108 图 7-109 图 7-110

2 拖动鼠标灵活创建立体化效果

除了应用预设选项创建立体化效果外，还可以通过拖动鼠标的方式为对象设置不同角度的立体化效果。使用"选择工具"选中对象，单击工具箱中的"立体化工具"按钮，然后在所选对象中间单击并向需要设置立体阴影的位置拖动，如图 7-111 所示。当拖动到合适的位置后释放鼠标，形成立体化效果，默认情况下为"使用对象填充"，所以得到的立体阴影颜色与原对象颜色相同，如图 7-112 所示。为突出立体效果，可以结合属性栏中的填充选项调整阴影颜色，效果如图 7-113 所示。

| 图 7-111 | 图 7-112 | 图 7-113 |

7.7.2 更改矢量立体模型的形状

创建立体模型后，可以再对立体模型的形状加以调整，例如更改立体模型的方向、深度，旋转立体模型，将立体化矩形或方形的角转换为圆角等。

1 更改立体模型的方向

使用"立体化工具"单击选择一个立体模型，如图 7-114 所示，然后单击灭点并朝需要更改的方向移动，释放鼠标后就完成了立体模型的方向调整，效果如图 7-115 所示。

| 图 7-114 | 图 7-115 |

2 更改立体模型的深度

使用"立体化工具"单击选择立体模型，然后拖动控制线上的白色矩形条滑块，调整立体模型的深度，如图 7-116 所示，调整效果如图 7-117 所示。

| 图 7-116 | 图 7-117 |

3 旋转立体模型

应用"立体化工具"属性栏中的"立体化旋转"选项可快速旋转立体模型。应用"立体化工具"选择一个立体模型，单击属性栏中的"立体化旋转"按钮，在展开的选项区朝所需方向拖动，如图 7-118 所示，即可完成立体模型的旋转操作，效果如图 7-119 所示。

图 7-118

图 7-119

4 将立体化矩形或方形的角转换为圆角

要将立体化矩形或方形的角转换为圆角，可在选择立体模型后，单击工具箱中的"形状工具"按钮，然后沿矩形或正方形的轮廓拖动角节点，如图 7-120 所示，释放鼠标即可完成圆角的转换，如图 7-121 所示。

图 7-120

图 7-121

7.7.3 对立体模型应用填充

CorelDRAW 中有 3 种立体化颜色，包括使用对象填充、使用纯色和使用递减的颜色。"使用对象填充"可将对象的填充应用到立体模型，"使用纯色"可将纯色应用到立体模型，"使用递减的颜色"可将渐变填充应用到立体模型。单击属性栏中的"立体化颜色"按钮，即可打开"颜色"面板，其中有 3 个填充选项。用户可以根据需要设置立体模型的填充方式，应用不同的颜色填充立体模型。

打开如图 7-122 所示的图形。使用"立体化工具"单击选中立体模型，在属性栏中单击"立体化颜色"按钮，在"颜色"面板中单击"使用递减的颜色"按钮，再单击"从"和"到"选项右侧的按钮，打开颜色挑选器，在其中更改颜色，如图 7-123 所示，应用设置调整立体化颜色后的效果如图 7-124 所示。

图 7-122

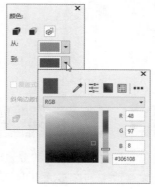
图 7-123

图 7-124

7.7.4　对立体模型应用斜角修饰边

斜角修饰边是指为立体模型添加上边缘，来突出模型的轮廓。单击属性栏中的"立体化倾斜"按钮 ，即可打开对应的面板，在面板中即可选择是否启用斜角修饰边功能，并且可以指定斜角的角度和深度值，来控制斜角效果。

打开需要编辑的立体模型，如图 7-125 所示。单击"立体化倾斜"按钮 ，在打开的面板中勾选"使用斜角修饰边"复选框，再设置斜角修饰边的深度和角度，如图 7-126 所示。设置后的效果如图 7-127 所示。

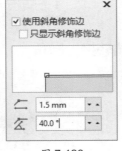

图 7-125　　　　　　　　　　　图 7-126　　　　　　　　　　　图 7-127

7.7.5　在立体模型中添加光源

立体化照明是指为立体模型添加上光照效果，模拟出光线照射到物体上所形成的明暗变化。单击属性栏上的"立体化照明"按钮 ，在打开的面板中通过单击 3 个光源按钮，即可添加光源，在预览窗口中拖动标有数字的圆圈以定位光源，拖动"强度"选项下方的滑块调整光线强度，为立体模型设置较逼真的光影效果。添加光源后，还可以再次单击相应的光源，将其进行隐藏或显示。

不同光源照射的范围不同，可以根据需要来进行选择。单击"光源 1"按钮 ，应用光源并在右侧的预览窗口中移动光源位置，得到的效果如图 7-128 所示；隐藏光源 1，单击"光源 2"按钮 后，移动光源位置，得到的效果如图 7-129 所示；隐藏光源 1 和光源 2，单击"光源 3"按钮 ，并移动光源位置，效果如图 7-130 所示。

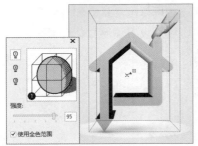

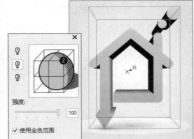
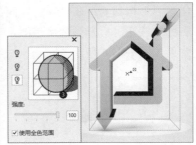

图 7-128　　　　　　　　　　　图 7-129　　　　　　　　　　　图 7-130

7.8　透明效果

对某个对象设置透明度时，可使位于该对象下方的部分显示出来，但应用于对象的均匀填充、渐变填充、底纹填充等填充属性不会发生改变。在 CorelDRAW 中，不但可以为对象应用不同透明度的渐变，还可以应用向量图样和位图图样透明度。

7.8.1 设置透明效果

透明效果的设置主要是通过工具箱中的"透明度工具"实现，也可以使用"对象属性"泊坞窗来实现。可以为对象应用均匀、渐变、底纹透明等不同的效果。

1 使用"透明度工具"创建透明效果

使用"透明度工具"可以快速创建透明效果。首先选中需要设置透明效果的对象，如图 7-131 所示。单击工具箱中的"透明度工具"按钮，在属性栏中设置透明类型和透明度等，得到的透明效果如图 7-132 所示。

图 7-131   图 7-132

2 使用"对象属性"泊坞窗创建透明效果

应用"对象属性"泊坞窗中的"透明度"属性也可以轻松为所选对象创建透明度效果。选中对象后，执行"窗口＞泊坞窗＞对象属性"菜单命令，打开"对象属性"泊坞窗，单击泊坞窗中的"透明度"按钮，跳转到透明度属性，在下方设置透明度选项，如图 7-133 所示，应用效果如图 7-134 所示。

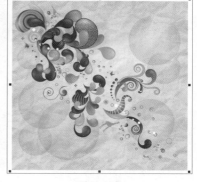

图 7-133   图 7-134

> **知识补充**
>
> 在"透明度"属性下，可以应用"合并模式"选项选择透明度颜色与下层对象颜色的调和方式。单击"合并模式"下拉按钮，在展开的下拉列表中进行选择即可。

7.8.2 指定透明类型

"透明度工具"属性栏提供了多种透明度类型，包括均匀透明度、渐变透明度、图样透明度和底纹透明度。

1 均匀透明度

均匀透明度会等量改变对象或可编辑区域的所有像素的透明度值。打开图形文件，在页面中绘制一个白色不规则图形，如图 7-135 所示。单击"透明度工具"按钮，单击属性栏中的"均匀透明度"按钮，然后调整透明度，即可得到均匀的透明效果，如图 7-136 所示。

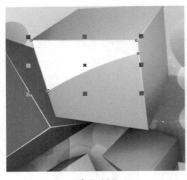

图 7-135

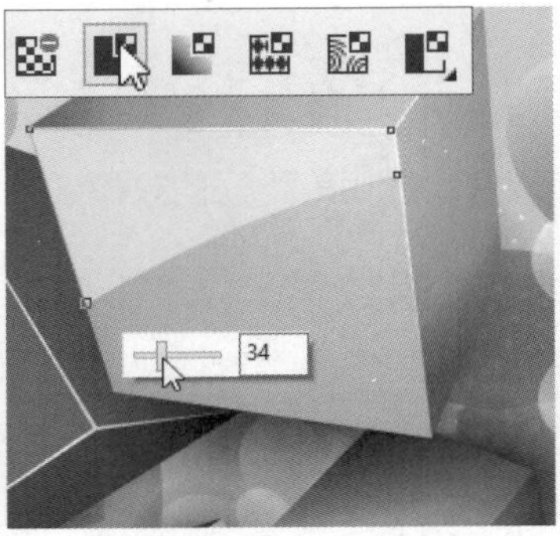

图 7-136

技巧提示

对对象应用均匀透明度时，除了在属性栏中设置“透明度”选项调节对象的透明度外，也可以拖动对象上的透明度控制滑块进行调节。

2 渐变透明度

渐变透明度是指在对象上沿一定的方向进行渐变透明的效果，包括线性、椭圆形、锥形、矩形 4 种渐变类型。选中一个图形对象，选择“透明度工具”，单击属性栏中的“渐变透明度”按钮，得到如图 7-137 所示的效果。调整渐变角度及渐变的起点和终点透明度等，设置后的效果如图 7-138 所示。

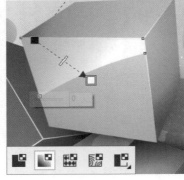

图 7-137

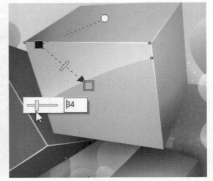

图 7-138

默认情况下，会应用“线性渐变透明度”效果，更改属性栏中的渐变透明度类型，可以得到不同的渐变透明度效果。如图 7-139 和图 7-140 所示分别为单击“椭圆形渐变透明度”按钮和“锥形渐变透明度”按钮时得到的渐变透明度效果。

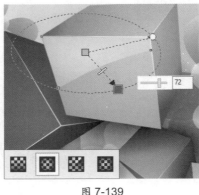

图 7-139

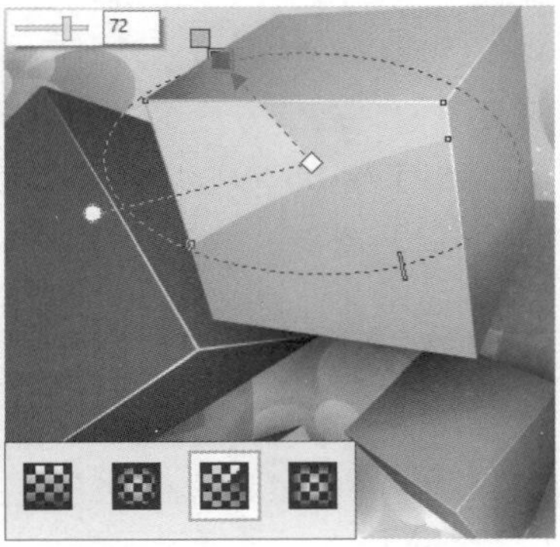

图 7-140

3 图样透明度

图样透明度可以为对象填充花纹和图案透明效果，包含“向量图样透明度”“位图图样透明度”和“双色图样透明度”3 种。

选择需要进行图样透明填充的对象，单击工具箱中的“透明度工具”按钮，在属性栏中单击“向量图样透明度”按钮，然后在“透明度挑选器”中选择一种向量图样，在弹出的面板中单击“应用”按钮，如图 7-141 所示，应用效果如图 7-142 所示。“位图图样透明度”和“双色图样透明度”的应用方法与此类似。

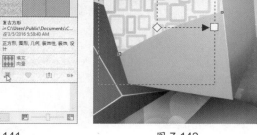

图 7-141   图 7-142

4 底纹透明度

底纹透明度可以为对象添加各种各样的透明底纹效果。选择需要填充透明底纹的对象，单击工具箱中的"透明度工具"按钮，在属性栏中单击"双色图样透明度"右下角的黑色三角按钮，选择"底纹透明度"，然后选择要应用的底纹库，并在底纹库中选择一种底纹，调整"前景透明度"和"背景透明度"，如图 7-143 所示，设置后得到如图 7-144 所示的效果。

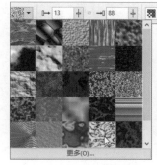

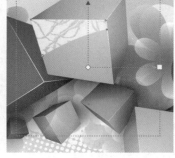

图 7-143   图 7-144

7.8.3 复制透明度

在 CorelDRAW 中可以将透明度效果从一个对象复制到另一个对象。如果要将同一透明度应用到其他文档中的对象，或同时修改页面中多个对象的透明度属性，也可以将透明度设置保存为样式。

首先使用"选择工具"选中需要应用透明度的对象，如图 7-145 所示。单击"透明度工具"按钮，然后单击属性栏上的"复制透明度"按钮 ，将鼠标指针移到需要复制透明度的对象上，如图 7-146 所示，单击鼠标即可复制透明度，效果如图 7-147 所示。

图 7-145   图 7-146   图 7-147

7.8.4 冻结透明度

对于应用透明度的对象，可以通过冻结透明度的方式，将对象的视图随着透明度一起移动。选择一个应用了透明度的对象，如图 7-148 所示，单击"透明度工具"按钮，单击属性栏中的"冻结"按钮 ，冻结透明效果，如图 7-149 所示，将对象移到页面的另一位置时，得到如图 7-150 所示的效果。

图 7-148

图 7-149

图 7-150

7.8.5 清除透明度

清除透明度是指从对象上移除透明度效果，还原至未应用透明度的状态。选择一个应用了透明度的对象，如图 7-151 所示，执行"窗口＞泊坞窗＞对象属性"菜单命令，打开"对象属性"泊坞窗，单击"透明度"按钮，跳转到透明度属性，单击"无透明度"按钮，如图 7-152 所示，移除透明度；也可以单击"透明度工具"属性栏中的"无透明度"按钮移除透明度，移除后的效果如图 7-153 所示。

图 7-151

图 7-152

图 7-153

实例 1　绘制唯美的雪景图

本实例先使用"矩形工具"绘制矩形图形，然后使用"封套工具"对绘制的矩形加以变形，将素材复制到变形的图形中，合成唯美的卡通风格雪景，最终效果如图7-154所示。

◎ **原始文件：** 随书资源\07\素材\01.cdr、02.cdr
◎ **最终文件：** 随书资源\07\源文件\绘制唯美的雪景图.cdr

图 7-154

1 新建文档，双击工具箱中的"矩形工具"按钮，绘制一个与页面大小相同的矩形，并使用"交互式填充工具"为矩形填充渐变颜色，如图 7-155 所示。

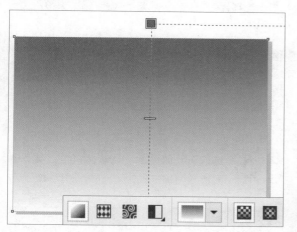

图 7-155

2 应用"矩形工具"在页面下方再绘制一个稍窄一些的矩形，使用"交互式填充工具"为矩形填充不同的渐变颜色，并去除轮廓线，如图 7-156 所示。

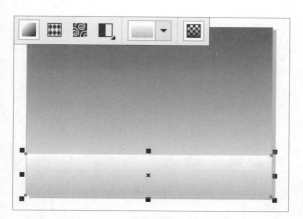

图 7-156

3 单击工具箱中的"封套工具"按钮，单击页面下方的矩形，显示封套边界框，单击并拖动右侧的封套节点，如图 7-157 所示。

图 7-157

4 单击选中封套边界框上方的封套节点，并向上拖动该节点，调整封套曲线，如图 7-158 所示。

图 7-158

5 继续使用同样的方法，对封套边界框中的其他节点加以调整，变换封套形状，如图 7-159 所示。

图 7-159

6 应用"矩形工具"在变形后的图形上方再绘制一个矩形，然后使用"交互式填充工具"为矩形填充纯色效果，并去除轮廓线，如图 7-160 所示。

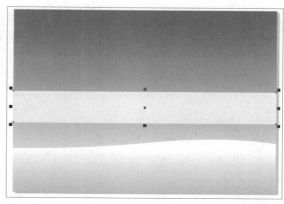

图 7-160

7 单击工具箱中的"封套工具"按钮⬚，单击绘制的矩形，显示封套边界框，单击并拖动曲线控制手柄，改变封套形状，如图 7-161 所示。

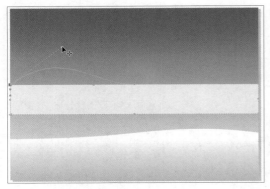

图 7-161

8 继续使用"封套工具"对矩形进行变形设置，得到更为流畅的图形效果，如图 7-162 所示。

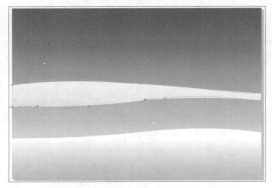

图 7-162

9 使用"选择工具"选中变形后的图形，将它移到页面下方，形成重叠效果。再选择"交互式填充工具"，单击"渐变填充"按钮，为图形填充合适的渐变色，如图 7-163 所示。

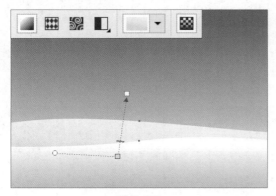

图 7-163

10 使用"矩形工具"在页面上方绘制一个白色矩形，并去除轮廓线，效果如图 7-164 所示。

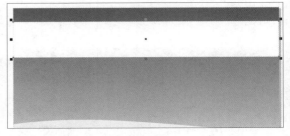

图 7-164

11 选取工具箱中的"封套工具"，编辑封套形成弯曲的图形，如图 7-165 所示。

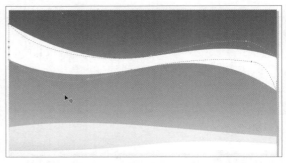

图 7-165

12 单击工具箱中的"透明度工具"按钮⬚，单击属性栏中的"均匀透明度"按钮⬚，设置"透明度"为 83，创建透明效果，如图 7-166 所示。

图 7-166

13 使用"矩形工具"在页面中再绘制一个白色矩形,并去除其轮廓线,如图 7-167 所示。

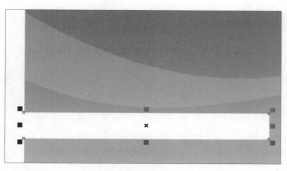

图 7-167

14 选取工具箱中的"封套工具",编辑封套变形图形,变形后的效果如图 7-168 所示。

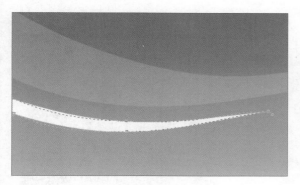

图 7-168

15 这里需要对图形应用相同的透明度属性,用"选择工具"选中图形,再选择"透明度工具",单击属性栏中的"复制透明度"按钮,将鼠标指针移至上面的图形上,如图 7-169 所示。

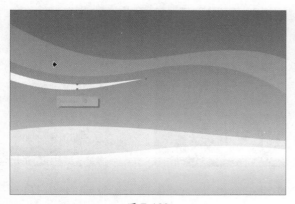

图 7-169

16 单击鼠标复制透明度,对所选图形应用相同的透明效果,如图 7-170 所示。

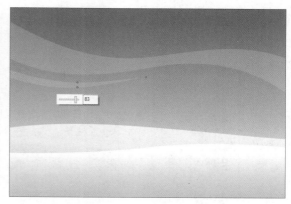

图 7-170

17 继续使用同样的方法绘制矩形,使用"封套工具"更改矩形形状,然后通过复制透明度的方式,为图形应用相同的透明效果,如图 7-171 所示。

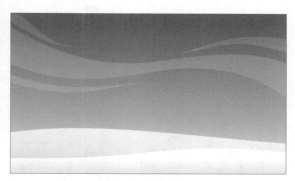

图 7-171

18 执行"文件>导入"菜单命令,导入素材图形 01.cdr、02.cdr,将导入的图形移到合适的位置上,如图 7-172 所示。

图 7-172

19 使用"选择工具"选中导入的大树图形，如图 7-173 所示。执行"窗口＞泊坞窗＞变换＞位置"菜单命令，打开"变换"泊坞窗，设置要再制图形的位置和副本数量，然后单击"应用"按钮，如图 7-174 所示。

20 再制多个大树图形，如图 7-175 所示。分别调整图形的大小和位置，得到如图 7-176 所示的效果。

图 7-173

图 7-174

图 7-175

图 7-176

实例 2　创意字体海报设计

应用矢量特效工具可以轻松创建立体感十足的文字特效。本实例先使用"文本工具"在页面中输入标题文字，并为输入的文字填充不同的渐变颜色，再结合"立体化工具"和"阴影工具"为文字添加立体效果和阴影效果，最终效果如图7-177所示。

图 7-177

◎ **原始文件：** 随书资源\07\素材\03.cdr
◎ **最终文件：** 随书资源\07\源文件\创意字体海报设计.cdr

1 执行"文件＞打开"菜单命令，打开素材文件 03.cdr，如图 7-178 所示。

2 选择工具箱中的"文本工具"，在打开的文档中分别输入字母 S、p、r、i、n、g，并根据需要调整文字的大小和位置，如图 7-179 所示。

图 7-178

图 7-179

3 单击工具箱中的"选择工具"按钮，单击
字母 S 将其选中，如图 7-180 所示。

4 执行"窗口＞泊坞窗＞对象属性"菜单命令，
打开"对象属性"泊坞窗，在"字符"选
项卡下选择"渐变填充"，单击"填充设置"按
钮，如图 7-181 所示。

图 7-180 　　　　　　 图 7-181

5 打开"编辑填充"对话框，在对话框中设
置渐变填充颜色及渐变旋转角度等，如图
7-182 所示，设置后单击"确定"按钮。

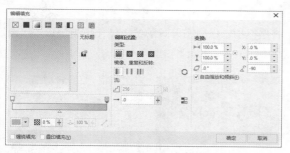

图 7-182

6 应用设置的渐变颜色填充字母的效果如图
7-183 所示。

7 继续使用相同的方法，选择其他的字母，分
别为其填充合适的渐变颜色，如图 7-184 所示。

图 7-183 　　　　　　 图 7-184

8 单击"选择工具"按钮，选中需要创建立
体效果的字母 S，如图 7-185 所示。

9 单击工具箱中的"立体化工具"按钮，在
字母上单击并拖动，创建立体化效果，如图
7-186 所示。

图 7-185 　　　　　　 图 7-186

10 移动鼠标指针至控制线上的白色矩形滑
块位置，如图 7-187 所示，单击并向下
方拖动，降低立体模型的深度，效果如图 7-188
所示。

图 7-187 　　　　　　 图 7-188

11 单击属性栏中的"立体化颜色"按
钮，在展开的面板中单击"从"右侧
的按钮，打开颜色挑选器，设置立体模型的起始
颜色，如图 7-189 所示。

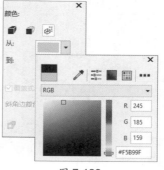

图 7-189

12 单击"到"右侧的按钮,打开颜色挑选器,设置立体模型的结束颜色,如图7-190 所示。

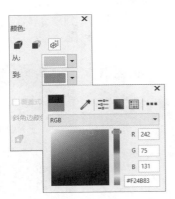

图 7-190

13 应用设置的颜色值,更改立体模型的颜色,效果如图7-191 所示。

图 7-191

14 单击属性栏中的"立体化照明"按钮，打开"立体化照明"面板,单击"光源1"按钮,添加光源1,选中光源并调整其位置,如图7-192 所示。

15 应用设置的光源,模拟更逼真的光照效果,如图7-193 所示。

图 7-192

图 7-193

16 继续在"立体化照明"面板中单击"光源3"按钮,添加光源3,选中光源并调整其位置,如图7-194 所示。

17 应用设置的光源,加强文字投影部分的层次效果,如图7-195 所示。

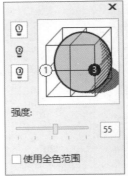

图 7-194   图 7-195

18 单击工具箱中的"选择工具"按钮，单击选中字母 p,如图7-196 所示。

19 选择工具箱中的"立体化工具",单击属性栏中的"复制立体化属性"按钮，将鼠标指针移到字母 S 后的立体化投影位置,如图7-197 所示。

图 7-196

图 7-197

20 单击鼠标,即可复制字母 S 上的立体化属性到字母 p 上,效果如图7-198 所示。

图 7-198

21 继续使用同样的方法，复制字母立体化属性，将其应用到其余的字母上，如图 7-199 所示。

图 7-199

22 单击"立体化工具"按钮⬚，选取字母 p，单击属性栏中的"立体化颜色"按钮⬚，在展开的面板中单击"到"右侧的下拉按钮，打开颜色挑选器，选择结束颜色，如图 7-200 所示。

23 单击属性栏中的"立体化照明"按钮⬚，在展开的面板中单击"光源 1"按钮，隐藏光源 1，如图 7-201 所示。

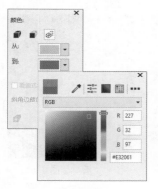

图 7-200　　　　图 7-201

24 单击灭点并朝需要更改的方向移动，如图 7-202 所示，释放鼠标后就完成了立体模型的方向设置，得到如图 7-203 所示的文字效果。

图 7-202　　　　图 7-203

25 单击并向上方拖动控制线上的白色矩形滑块，调整立体模型深度，增强立体化效果，如图 7-204 所示。

26 继续使用同样的方法，调整其他几个字母的立体模型，得到立体感更强的文字效果。然后应用"选择工具"选中字母 S 和 i，如图 7-205 所示。

图 7-204　　　　图 7-205

27 执行"对象>顺序>到图层前面"菜单命令，将所选字母移至图层前面，效果如图 7-206 所示。

28 使用"选择工具"选中字母 S，如图 7-207 所示。

图 7-206　　　　图 7-207

29 单击工具箱中的"阴影工具"按钮⬚，单击属性栏中的"预设列表"下拉按钮，在展开的下拉列表中选择"平面右下"选项，如图 7-208 所示，为字母 S 添加阴影，效果如图 7-209 所示。

图 7-208   图 7-209

整阴影的角度和延伸长度，效果如图 7-214 所示。

图 7-213   图 7-214

30 使用鼠标拖动控制线终点处的色块，如图 7-210 所示，调整阴影的角度和延伸长度，得到如图 7-211 所示的阴影效果。

34 在"阴影工具"属性栏中设置"阴影的不透明度"为 20、"合并模式"为"减少"，调整阴影效果，如图 7-215 所示。

35 继续使用同样的方法为其他字母也设置合适的阴影，如图 7-216 所示。

图 7-210   图 7-211

31 在"阴影工具"属性栏中设置"阴影的不透明度"为 18、"阴影羽化"为 2，单击"合并模式"下拉按钮，在展开的下拉列表中选择"减少"选项，更改阴影颜色与下层对象颜色的调和方式，效果如图 7-212 所示。

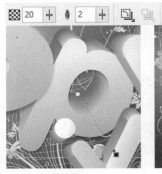 

图 7-215   图 7-216

36 使用"文本工具"在画面右下角输入较小的文字，如图 7-217 所示。

37 单击"透明度工具"按钮，单击属性栏中的"均匀透明度"按钮，设置"透明度"为 55，完成本实例的制作，最终效果如图 7-218 所示。

图 7-212

32 使用"选择工具"选中页面中的字母 p，如图 7-213 所示。

33 选择工具箱中的"阴影工具"，在"预设列表"中选择"平面右下"选项，在选中字母右下方添加阴影，然后根据设计需要调

图 7-217   图 7-218

实例 3　制作清爽的螺旋圆环图案

　　应用"变形工具"可以对绘制的图形进行任意旋转或拖动，形成新的图形效果。本实例首先使用"椭圆形工具"绘制圆形，然后使用"变形工具"变形图形，再适当调整透明度，加强层次关系，制作出清爽的图案，最终效果如图7-219所示。

◎ **原始文件：** 无
◎ **最终文件：** 随书资源\07\源文件\制作清爽的螺旋圆环图案.cdr

图 7-219

1 创建一个空白文档，双击"矩形工具"按钮，绘制一个和页面大小相同的矩形图形，将矩形填充上浅灰色，并去除轮廓线，如图7-220所示。

2 单击"椭圆形工具"按钮○，按住 Ctrl 键不放，在矩形图形中单击并拖动，绘制一个正圆图形，如图 7-221 所示。

图 7-220

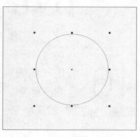

图 7-221

3 选择圆形，单击工具箱中的"变形工具"按钮○，在属性栏中单击"扭曲变形"按钮，在图形中单击并旋转拖动变形图形，如图 7-222所示。

4 将图形调整到合适大小和位置，先选中矩形图形，再选中螺旋图形，单击属性栏中的"相交"按钮□修剪图形，并移除最上方的图形，得到如图 7-223 所示的效果。

图 7-222

图 7-223

5 选择"交互式填充工具"，为图形填充合适的颜色，并去除轮廓线，如图 7-224 所示。

6 选择扭曲图形，单击"透明度工具"按钮，单击属性栏中的"均匀透明度"按钮，设置"透明度"为 50，使螺旋图形与矩形融合，如图 7-225 所示。

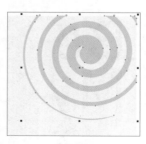

图 7-224

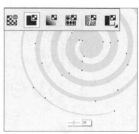

图 7-225

7 使用相同的方法，在左下角绘制一个螺旋图形，调整其位置和大小，并修剪多余图形，如图 7-226 所示。

8 使用"交互式填充工具"为新绘制的图形填充与上一图形相同的颜色，如图 7-227 所示。

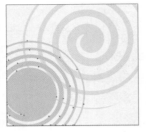

图 7-226 　　　　　　　　　 图 7-227

9 选中图形，选择"透明度工具"，单击属性栏中的"复制透明度"按钮，移动鼠标指针到已应用透明效果的图形上，如图 7-228 所示，单击复制透明属性，得到如图 7-229 所示的图形效果。

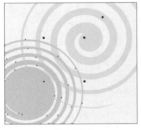
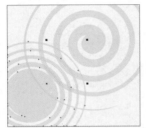

图 7-228 　　　　　　　　　 图 7-229

10 使用"文本工具"在图中输入文字，并为文字设置合适的字体大小和间距，效果如图 7-230 所示。

11 选择"椭圆形工具"，按住 Ctrl 键不放，在文字上方单击并拖动绘制一个正圆图形，如图 7-231 所示。

图 7-230 　　　　　　　　　 图 7-231

12 选择工具箱中的"变形工具"，在圆形上单击并旋转拖动，制作螺旋图形，如图 7-232 所示。

13 继续使用"椭圆形工具"在图中绘制多个圆形，并复制变形属性，制作多个螺旋图形效果，如图 7-233 所示。

图 7-232 　　　　　　　　　 图 7-233

14 选择当前螺旋图形和文字，然后单击属性栏中的"合并"按钮，合并图形和文字，并自动填充为黑色，如图 7-234 所示。

15 应用"交互式填充工具"对文字和图形填充渐变色，如图 7-235 所示。

图 7-234 　　　　　　　　　 图 7-235

16 应用"椭圆形工具"在图中绘制多个白色圆形图形，合并白色圆形，并去除轮廓线，如图 7-236 所示。

17 执行"位图>转换为位图"菜单命令，打开"转换为位图"对话框，在对话框中单击"确定"按钮，如图 7-237 所示，将矢量图形转换为位图。

图 7-236 　　　　　　　　　 图 7-237

18 执行"位图＞模糊＞高斯式模糊"菜单命令，在打开的对话框中设置模糊"半径"，如图 7-238 所示，设置后单击"确定"按钮。

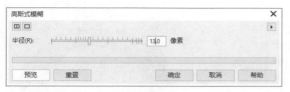

图 7-238

19 应用"高斯式模糊"滤镜模糊图像，为图形渲染光晕效果，完成本实例的制作，效果如图 7-239 所示。

图 7-239

实例 4 **为图像添加逼真的彩虹**

应用"调和工具"可以对图形自由应用形状和颜色调和效果。本实例首先使用"椭圆形工具"在页面中绘制一个椭圆图形，并复制图形，然后应用"调和工具"调和图像，制作渐变的彩虹颜色，再利用"透明度工具"隐藏多余的图形，使制作的彩虹图形与背景图像自然地融合在一起，最终效果如图7-240所示。

◎ **原始文件：** 随书资源\07\素材\04.cdr
◎ **最终文件：** 随书资源\07\源文件\为图像添加逼真的彩虹.cdr

图 7-240

1 打开素材文件 04.cdr，单击工具箱中的"椭圆形工具"按钮〇，在打开的图像上单击并拖动，绘制一个椭圆形图形，如图 7-241 所示。

2 执行"窗口＞调色板＞默认 CMYK 调色板"命令，确认"默认 CMYK 调色板"的显示状态，右击调色板中的"洋红"色标，如图 7-242 所示，将绘制的椭圆形轮廓线颜色更改为洋红色，如图 7-243 所示。

图 7-241

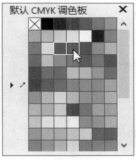

图 7-242

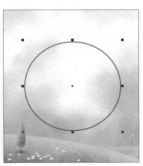

图 7-243

3 选中椭圆形,执行"编辑>复制"菜单命令,
复制图形,再执行"编辑>粘贴"菜单命令,
粘贴图形,得到的图形与原图形大小完全一致。
选中复制的图形,按住 Shift 键不放,单击并拖动,
放大图形,效果如图 7-244 所示。

图 7-244

4 打开"默认 CMYK 调色板",右击调色板
中的"红"色标,如图 7-245 所示,将复制
的图形轮廓线颜色更改为红色,如图 7-246 所示。

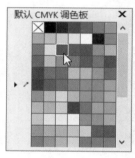 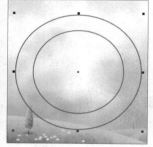

图 7-245   图 7-246

5 单击工具箱中的"调和工具"按钮,从中
间小椭圆向外侧较大的椭圆形拖动,如图
7-247 所示。释放鼠标,创建调和的图形效果,如
图 7-248 所示。

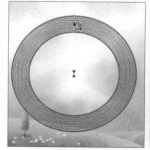 

图 7-247   图 7-248

6 应用"调和工具"选中对象,在属性栏中设
置"调和对象"步长为50,单击"顺时针调和"
按钮,更改调和效果,如图 7-249 所示。

图 7-249

7 单击工具箱中的"透明度工具"按钮,单
击属性栏中的"渐变透明度"按钮,创建
渐变透明效果,如图 7-250 所示。

图 7-250

8 单击"合并模式"下拉按钮,在展开的列表
中选择"强光"合并模式。调整渐变透明度
填充控制柄,控制渐变的范围,然后设置渐变的
结束透明度为80,如图 7-251 所示。

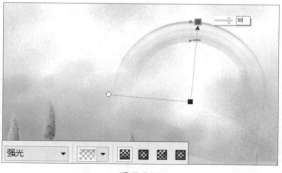

图 7-251

技巧提示

应用"交互式填充工具"填充图形时，可以拖动调色板中的色块到渐变控制柄上，为渐变添加色块，也可以在控制柄上双击添加色块。

9 使用"选择工具"选中绘制的彩虹图形，将它移到画面右侧，再单击图形，显示旋转控制手柄，单击并拖动旋转图形，如图 7-252 所示。

10 使用"矩形工具"在图像右侧绘制一个矩形，并将矩形填充为白色，遮住下方多余的彩虹图形，最后在图像上输入文字，修饰画面，如图 7-253 所示。

图 7-252

图 7-253

7.9 | 本章小结

特效工具可以让对象呈现出更丰富的效果。本章主要介绍了如何为图形创建特殊效果，包括透明效果、调和效果、阴影效果、变形效果、封套效果、立体效果及透镜效果等。

7.10 | 课后练习

1．填空题

（1）透明效果主要是依靠工具箱中的_____实现的，此工具可以为对象应用均匀、渐变、_____和_____透明效果。

（2）创建封套效果后，执行_____命令可以将设置的封套属性应用到更多的对象上。

（3）图样透明度可以为对象填充花纹和图案透明效果，共有_____、_____和_____3种类型。

（4）单击"透明度工具"属性栏中的_____，可以对图形中的透明效果进行冻结处理。

2．问答题

（1）当透明度参数为100时和0时，将分别得到什么样的效果？

（2）怎么调整立体模型的光照效果？

3. 上机题

（1）应用"钢笔工具"和"形状工具"，绘制文字的轮廓，并填充颜色，应用"阴影工具"为图形添加阴影，完成后的效果如图7-254所示。

（2）绘制图形，使用"调和工具"为绘制的图形创建调和效果，通过添加光晕等修饰元素，制作融合的图形效果，如图7-255所示。

图 7-254

图 7-255

（3）打开随书资源\07\课后练习\素材\01.cdr，如图7-256所示，在打开的图案上绘制音符形状，使用"立体化工具"为音符设置立体的阴影效果，如图7-257所示。

图 7-256

图 7-257

编辑与美化位图图像

第8章

CorelDRAW不但可以绘制各种效果的矢量图形,还可以处理各种位图图像,如更改位图图像的大小、将矢量图形转换为位图、旋转位图、调整位图图像的明暗和色彩等。通过对位图做进一步的处理,达到美化图像的目的。

8.1 使用位图图像

使用 CorelDRAW 不但可以绘制精美的矢量图形,还可以编辑位图图像。在处理位图图像时,需要先掌握如何导入、导出位图图像及位图图像与矢量图形的转换方式等。

8.1.1 导入位图图像

要导入位图图像,可以应用 CorelDRAW 中的导入功能实现。执行"文件>导入"菜单命令,或者单击属性栏中的"导入"按钮,打开"导入"对话框,在"导入"对话框中找到需要导入的位图图像,单击"导入"按钮,如图 8-1 所示,此时鼠标指针会变为如图 8-2 所示的形状,使用鼠标在页面中拖动即可导入所选位图图像,如图 8-3 所示。

图 8-1

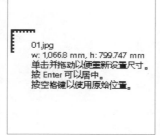
图 8-2

图 8-3

8.1.2 将矢量图转换为位图

CorelDRAW 不但可以导入位图,还可以通过"位图"菜单将矢量图形转换为位图图像。将矢量图形转换为位图图像后,不能用路径编辑工具编辑对象。先打开并选择图形,如图 8-4 所示。执行"位图>转换为位图"菜单命令,打开"转换为位图"对话框,在对话框中设置各选项,如图 8-5 所示。设置完成后单击"确定"按钮,即可将矢量图形转换为位图图像,如图 8-6 所示。

图 8-4

图 8-5

图 8-6

191

8.2 更改位图大小和分辨率

　　将位图图像导入到绘图窗口后，可以更改位图的尺寸和分辨率，也可以通过裁剪的方式去掉位图图像中多余的部分。在调整位图图像的大小或分辨率时，有可能会增大或缩小文件大小。

8.2.1 裁剪位图

　　裁剪用于移除位图上不需要的部分。要将位图裁剪成矩形，可以使用"裁剪工具"实现；要将位图裁剪成不规则形状，可以使用"形状工具"实现。

1 使用"形状工具"裁剪位图

　　使用"形状工具"裁剪图像时，单击工具箱中的"形状工具"按钮，选择一个位图，此时位图四周会出现4个节点，选中单个节点或框选多个节点拖动，如图8-7所示，即可改变位图形状，如图8-8所示，此时选中"选择工具"，单击"裁剪位图"按钮，即可根据形状裁剪位图。

图 8-7　　　　　　　　　　图 8-8

2 使用"裁剪工具"裁剪位图

　　使用"裁剪工具"裁剪位图时，可以定义希望保留的矩形区域，矩形区域外部的图像为需要移除的图像。选择要裁剪的对象，单击工具箱中的"裁剪工具"按钮，在图像上单击并拖动定义裁剪区域，如图8-9所示，确定裁剪范围后，在裁剪区域内部双击即可裁剪图像，裁剪后的效果如图8-10所示。

图 8-9　　　　　　　　　　图 8-10

技 巧 提 示

　　使用"裁剪工具"绘制裁剪区域时，按住Ctrl键不放可绘制出正方形的裁剪框。绘制出裁剪框后，在裁剪框内部单击，裁剪框的四角将出现旋转控制手柄，拖曳控制手柄可旋转裁剪框。

8.2.2 更改位图尺寸

　　通过增大或缩小位图的高度和宽度，可以更改位图的实际尺寸。当增加位图的宽度和高度时，应用程序会在现有像素之间插入新的像素，像素的颜色基于相邻像素的颜色。如果过度增加位图的宽度和高度，则位图看起来有可能会像被拉伸和像素化后的效果。

　　选中需要更改尺寸的位图图像，如图8-11所示。执行"位图＞重新取样"菜单命令，打开"重新取样"对话框，在"图像大小"选项组右侧选择一种测量单位，然后在"宽度"和"高度"数值框中输入具体数值，如图8-12所示。单击"确定"按钮，即可更改所选位图的尺寸大小，效果如图8-13所示。

图 8-11

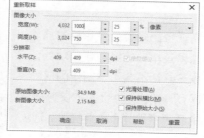

图 8-12

图 8-13

知识补充

在"重新取样"对话框中有"光滑处理""保持纵横比"和"保持原始大小"3个复选框，勾选"光滑处理"复选框，可以尽量避免曲线外观参差不齐的情况；勾选"保持纵横比"复选框，则在"宽度"或"高度"数值框中键入值时，可以保持位图的宽高比例；勾选"保持原始大小"复选框，若位图尺寸发生更改，位图的分辨率会自动调整。

分辨率是以打印位图时每英寸的点数测量的。分辨率较高的位图比分辨率较低的位图包含的像素更少，但密度更大。在 CorelDRAW 中可以通过更改位图的分辨率，以增大或缩小文件大小。在不更改位图宽度和高度的情况下调整位图的分辨率，有可能会降低图像的质量。

选中需要更改分辨率的位图图像，如图 8-14 所示。执行"位图 > 重新取样"菜单命令，打开"重新取样"对话框，在"分辨率"选项组下的"水平"和"垂直"数值框中输入数值，如图 8-15 所示。单击"确定"按钮，完成位图分辨率的调整，调整后放大显示可看到图像变得模糊，如图 8-16 所示。

图 8-14

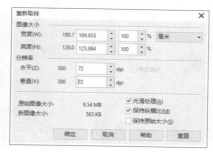

图 8-15

图 8-16

技巧提示

导入位图图像后，单击属性栏中的"对位图重新取样"按钮，也可以打开"重新取样"对话框，调整选定的位图的大小和分辨率。

8.3 描摹位图

CorelDRAW 提供了"快速描摹""中心线描摹"和"轮廓描摹"3 种描摹位图的方法，应用这些方法，可以将导入的位图图像转换为矢量图形，快速创建较为复杂的图形效果，并且可以对描摹的图形做进一步的编辑与设置。

8.3.1 快速描摹

　　"快速描摹"位图可以一步完成位图转换为矢量图的操作。应用"快速描摹"描摹位图之后，会丢掉很多位图的细节，保留的大多是单一的线条或色块的信息，但是因为描摹后位图被转换为了矢量图形，所以对它进行任意缩放显示都不会影响图像的清晰度。

　　选中一幅位图图像，如图 8-17 所示。执行"位图＞快速描摹"菜单命令，或单击属性栏中的"描摹位图"按钮，在展开的列表中选择"快速描摹"选项，即可将选择的位图转换为矢量图，如图 8-18 所示。

图 8-17

图 8-18

　　通过"快速描摹"将位图图像转换为矢量图形之后，平滑的图像被许多不同颜色的色块所替换，应用"选择工具"选中图形，单击属性栏中的"取消组合所有对象"按钮，如图 8-19 所示。取消组合后，画面中的每一个色块都是独立的，可以单击选择一个色块进行编辑，更改颜色效果，如图 8-20 所示。

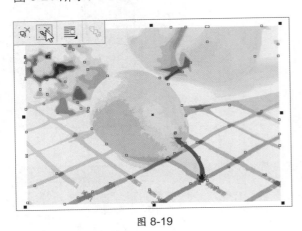

图 8-19

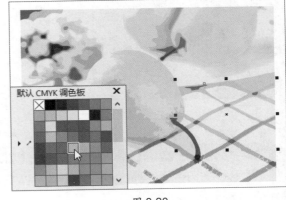

图 8-20

8.3.2 中心线描摹

　　"中心线描摹"使用未填充的闭合和开放曲线来描绘图像，描画的是位图中的轮廓线，得到的是没有填充颜色和图案的曲线，适用于描摹技术图解、地图、线条画和拼版等。"中心线描摹"有"技术图解"和"线条画"两种描摹方式。

1 技术图解

"技术图解"是使用很细、很淡的线条描摹黑白图解。选中位图图像，如图 8-21 所示。执行"位图＞中心线描摹＞技术图解"菜单命令，或单击属性栏中的"描摹位图"按钮 描摹位图 ，在弹出的下拉列表中选择"中心线描摹＞技术图解"命令，打开"PowerTRACE"对话框，预览并编辑描摹效果，如图 8-22 所示。单击"确定"按钮，即可将所选位图按照指定的样式转换为矢量图形，效果如图 8-23 所示。

图 8-21   图 8-22   图 8-23

2 线条画

"线条画"是使用很粗、很突出的线条描摹黑白草图。选择一个位图，如图 8-24 所示，执行"位图＞中心线描摹＞线条画"命令，或单击属性栏中的"描摹位图"按钮 描摹位图 ，在展开的列表中选择"线条画"选项，打开"PowerTRACE"对话框，在对话框中编辑并预览描摹效果，如图 8-25 所示。单击"确定"按钮，即可将所选位图转换为矢量图形，如图 8-26 所示。

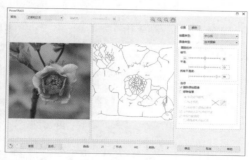
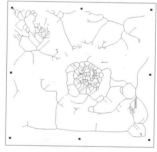

图 8-24   图 8-25   图 8-26

8.3.3 轮廓描摹

"轮廓描摹"是使用无轮廓线的曲线来描绘位图，描摹后的矢量图形只有填充颜色，没有轮廓线。"轮廓描摹"方式又称为"填充"或"轮廓图描摹"。"轮廓描摹"命令中有 6 个子命令，分别代表 6 种位图的图像类型（依次往下图像细节保留越好，生成的矢量图形越复杂），包括线条图、徽标、详细徽标、剪贴画、低品质图像和高质量图像。根据位图所属类型执行不同的描摹命令，才能达到更理想的转换效果。

1 线条图

"线条图"用于描摹黑白草图和图解。选择要描摹的位图图像,执行"位图＞轮廓描摹＞线条图"菜单命令,对位图进行描摹,描摹前和描摹后的效果如图 8-27 和图 8-28 所示。

图 8-27   图 8-28

2 徽标

"徽标"用于描摹细节和颜色都较少的简单徽标位图。执行"位图＞轮廓描摹＞徽标"菜单命令,对简单的徽标进行描摹,如图 8-29 和图 8-30 所示即为应用"徽标"描摹前和描摹后的效果。

图 8-29   图 8-30

3 详细徽标

"详细徽标"用于描摹包含精细细节和许多颜色的徽标。执行"位图＞轮廓描摹＞详细徽标"命令,对复杂的徽标进行描摹,如图 8-31 和图 8-32 所示为描摹前与描摹后的效果。

图 8-31   图 8-32

4 剪贴画

"剪贴画"用于描摹剪贴画风格的图像。选取要描摹的剪贴画图像,如图 8-33 所示。执行"位图＞轮廓描摹＞剪贴画"命令,对剪贴画进行描摹,效果如图 8-34 所示。

图 8-33   图 8-34

5 低品质图像

"低品质图像"用于描摹细节不足或包括要忽略的精细细节的图像。执行"位图＞轮廓描摹＞低品质图像"命令,即可忽略图像的细节对位图进行描摹,如图 8-35 和图 8-36 所示为位图图像和描摹后的图形。

图 8-35   图 8-36

6 高质量图像

"高质量图像"用于描摹高质量、超精细的图像。选取一幅需要以高质量方式描摹的位图图像,如图 8-37 所示,执行"位图＞轮廓描摹＞高质量图像"命令,描摹图像,描摹后的效果如图 8-38 所示。

图 8-37

图 8-38

8.4 调整与矫正位图

CorelDRAW 提供了多种用于调整位图图像颜色、色调的方法，通过调整颜色和色调，可以恢复阴影或高光中丢失的细节，移除色偏，校正曝光不足或曝光过度，全面改善位图质量。

8.4.1 自动调整位图

CorelDRAW 中的"自动调整"命令可以自动调整位图图像的明暗和颜色，使图像快速达到比较理想的状态。选择导入绘图窗口中的素材图像，如图 8-39 所示，然后执行"位图＞自动调整"菜单命令，可以对图像效果进行自动调整，此时图像变得更亮，如图 8-40 所示。

图 8-39

图 8-40

8.4.2 使用"调整"菜单调整颜色和色调

在 CorelDRAW 中，除了应用"自动调整"命令对位图图像进行调整外，还可以使用"调整"菜单下的命令对位图图像进行明暗、色彩的手动调整。执行"效果＞调整"菜单命令，在展开的级联菜单中可以看到高反差、局部平衡、取样/目标平衡等多个调整命令，执行不同的命令，将对所选图像应用不同的调整效果。

1 高反差

"高反差"可以在保留阴影和高亮度显示细节的同时，通过调整色阶来增强图像的对比度。利用此命令可以精确地对图像中的某一种色调进行调整。导入需要调整的位图图像，如图 8-41 所示。使用"选择工具"选中该位图图像，执行"效果＞调整＞高反差"菜单命令，打开"高反差"对话框，在对话框中设置相应选项，单击"确定"按钮，如图 8-42 所示，调整后的图像效果如图 8-43 所示。

图 8-41

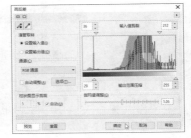
图 8-42

图 8-43

2 调合曲线

"调合曲线"命令通过控制各个像素来精确地校正位图颜色。此命令通过调整像素亮度值，更改阴影、中间色调和高光等。导入需要调整的位图图像，如图 8-44 所示。执行"效果 > 调整 > 调合曲线"菜单命令，打开"调合曲线"对话框，在对话框中设置曲线形状和选项，如图 8-45 所示。单击"确定"按钮，应用设置调整图像，效果如图 8-46 所示。

图 8-44

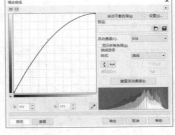
图 8-45

图 8-46

技巧提示

应用"调合曲线"命令调整图像时，不但可以利用曲线调整全图的明暗对比效果，还可以在"活动通道"下拉列表框中选择一个通道，应用曲线调整来改变图像的颜色。

3 亮度/对比度/强度

"亮度/对比度/强度"可以调整所有颜色的亮度及明亮区域与暗色区域之间的差异。导入需要调整的位图图像，如图 8-47 所示。用"选择工具"选中图像，执行"效果 > 调整 > 亮度/对比度/强度"菜单命令，打开"亮度/对比度/强度"对话框，在对话框中设置选项，如图 8-48 所示。单击"确定"按钮，应用设置调整图像，效果如图 8-49 所示。

图 8-47

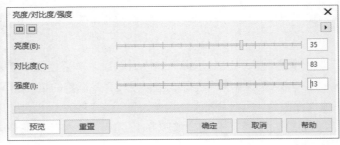

图 8-48

图 8-49

4 颜色平衡

"颜色平衡"命令用于将青色或红色、品红或绿色、黄色或蓝色添加到位图选定的色调中。导入需要调整的位图图像,如图 8-50 所示。用"选择工具"选中图像,执行"效果>调整>颜色平衡"菜单命令,在打开的"颜色平衡"对话框中设置参数,如图 8-51 所示。设置后单击"确定"按钮,调整后的效果如图 8-52 所示。

图 8-50

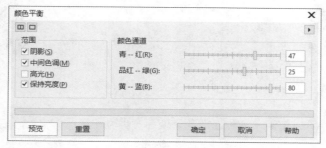
图 8-51

图 8-52

5 色度/饱和度/亮度

"色度/饱和度/亮度"命令用于调整位图中的颜色通道,并更改色谱中颜色的位置。应用"色度/饱和度/亮度"命令可以更改指定颜色及其浓度,以及调整图像中白色所占的百分比,相当于 Photoshop 中的"色相/饱和度"调整。导入位图图像,如图 8-53 所示,执行"效果>调整>色度/饱和度/亮度"菜单命令,在打开的"色度/饱和度/亮度"对话框中设置参数,如图 8-54 所示。设置后单击"确定"按钮,应用设置调整图像,效果如图 8-55 所示。

图 8-53

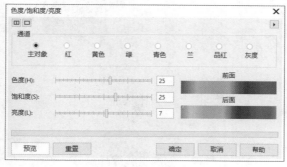
图 8-54

图 8-55

6 所选颜色

"所选颜色"命令通过更改位图中红、黄、绿、青、蓝和品红色谱的 CMYK 印刷色百分比,达到更改位图颜色的目的。导入位图图像,如图 8-56 所示。用"选择工具"选中图像,执行"效果>调整>所选颜色"菜单命令,打开"所选颜色"对话框,在对话框中的"色谱"组中选择要调整的颜色,然后在"调整"组中拖动滑块,如图 8-57 所示。设置完成后单击"确定"按钮,调整图像,效果如图 8-58 所示。

图 8-56

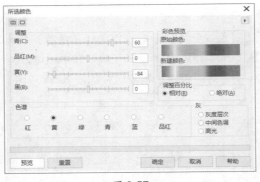

图 8-57

图 8-58

7 替换颜色

　　"替换颜色"命令可以使用一种位图颜色替换另一种位图颜色。在处理时会创建一个颜色遮罩来定义要替换的颜色。用户可根据设置的范围替换一种颜色，或将整个位图从一个颜色范围变换到另一颜色范围等。导入位图图像，如图 8-59 所示。选中图像，执行"效果＞调整＞替换颜色"菜单命令，打开"替换颜色"对话框，在"原颜色"和"新建颜色"选项中设置需要替换的颜色及替换后的颜色，然后在下方的"颜色差异"组中设置替换后的颜色色度、饱和度等，如图 8-60 所示。设置后单击"确定"按钮，替换颜色，此时可看到蓝色的鞋子变为了绿色，如图 8-61 所示。

图 8-59

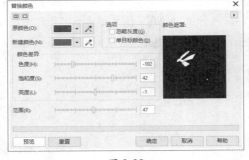

图 8-60

图 8-61

8 取消饱和

　　"取消饱和"命令用于将位图中每种颜色的饱和度降到零，移除色度组件，并将每种颜色转换为与其相对应的灰度。应用"取消饱和"命令可以在不更改颜色模式的情况下，创建灰度黑白相片

效果。选中需要转换为黑白效果的位图图像，如图 8-62 所示。执行"效果＞调整＞取消饱和"菜单命令，得到如图 8-63 所示的图像效果。

图 8-62

图 8-63

9 通道混合器

"通道混合器"命令用于混合颜色通道以平衡位图的颜色。例如，如果 RGB 模式的位图颜色不够红，可以调整红色通道以提高图像质量。导入位图图像，如图 8-64 所示，选中图像，执行"效果>调整>通道混合器"菜单命令，打开"通道混合器"对话框，在对话框中设置参数，如图 8-65 所示。设置后单击"确定"按钮，调整图像，效果如图 8-66 所示。

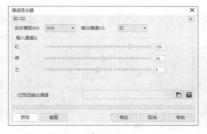

| 图 8-64 | 图 8-65 | 图 8-66 |

> **知识补充**
>
> 在"调整"菜单组中还有"局部平衡""取样/目标平衡"和"伽玛值"3 个不常用的调整命令。其中"局部平衡"用于提高边缘附近的对比度，以显示明亮区域和暗色区域中的细节；"取样/目标平衡"可以使用从图像中选取的色样来调整位图中的颜色值；"伽玛值"用于在较低对比度区域强化细节，而不会影响阴影或高光。

8.4.3 在"图像调整实验室"中校正颜色

"图像调整实验室"可以快速、轻松地校正大多数图像的颜色和色调。应用"图像调整实验室"调整位图图像时，可以通过自动调整或者手动拖动各选项滑块来调节图像明亮度和颜色。导入需要调整的位图图像，如图 8-67 所示。执行"位图>图像调整实验室"菜单命令，打开"图像调整实验室"对话框，在对话框中拖动各选项滑块，如图 8-68 所示，此时在对话框左侧的"工作预览"区域可看到调整后的效果。

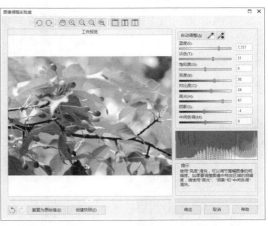

| 图 8-67 | 图 8-68 |

8.4.4 变换颜色和色调

CorelDRAW 允许用户对位图图像进行颜色和色调的变换，以产生特殊的效果，例如创建摄影负片效果的图像或拼合图像外观等。执行"效果＞变换"菜单命令，在打开的级联菜单中包括"去交错""反转颜色"和"极色化"3 个变换调整命令。

1 去交错

"去交错"用于从扫描或隔行显示的图像中移除线条。导入需要调整的位图图像，如图 8-69

所示。执行"效果＞变换＞去交错"菜单命令，打开"去交错"对话框，在对话框中根据图像选择文件扫描方式和替换方法，如图 8-70 所示，设置后在对话框中可查看图像对比效果。

图 8-69

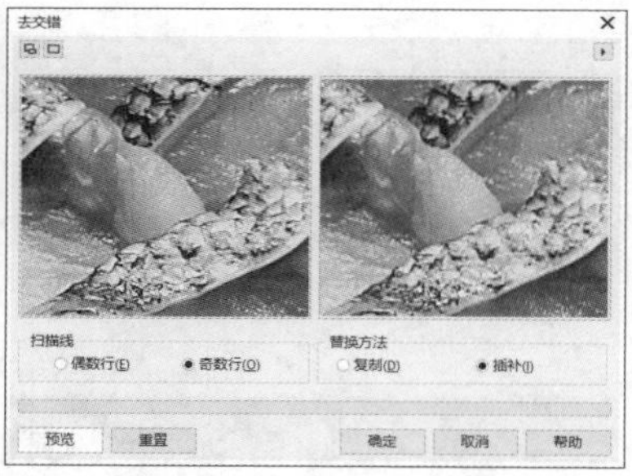

图 8-70

2 反转颜色

"反转颜色"可以反转图像的颜色，创建摄影负片的外观效果。导入位图图像，如图 8-71 所示。执行"效果＞变换＞反转颜色"菜单命令，得到的图像效果如图 8-72 所示。

图 8-71

图 8-72

3 极色化

"极色化"用于减少图像中的色调值数量。应用"极色化"可以去除颜色层次并产生大面积缺乏层次感的颜色。选取需要处理的图像，如图 8-73 所示。执行"效果＞变换＞极色化"菜单命令，打开"极色化"对话框，在对话框中设置图像需要保留的层次数，如图 8-74 所示。设置后单击"确定"按钮，调整图像，效果如图 8-75 所示。

图 8-73

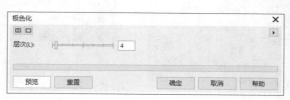

图 8-74

图 8-75

8.4.5 矫正位图图像

在拍摄高耸或宽阔的对象，以及相机传感器和对象呈一定角度时，通常会发生透视变形。在 CorelDRAW 中，可以使用"矫正图像"命令修复这些透视变形的图像。此外，应用"矫正图像"命令还可以校正桶形失真和枕形失真的位图图像。

选中需要矫正的图像，如图 8-76 所示。执行"位图＞矫正图像"菜单命令，打开"矫正图像"对话框，由于这是一张透视变形的图像，照片中高耸的楼宇显示为后倾，所以拖动对话框中的"垂直透视"和"水平透视"滑块以校正倾斜图像，如图 8-77 所示。设置后单击"确定"按钮，矫正图像，得到如图 8-78 所示的图像效果。

图 8-76

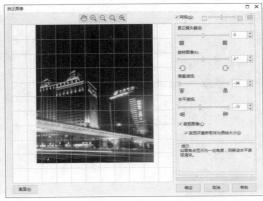
图 8-77

图 8-78

8.5 创建 PowerClip 对象

CorelDRAW 中的 PowerClip 功能不但可以精确剪裁图像，打造多种排版设计样式，还可以实现简单抠图。PowerClip 允许将一个对象置于目标对象内部，从而使该对象按照目标对象的外形得到精确裁剪，即将对象置于图文框内部后，超出图文框边缘的部分就会被隐藏起来。图文框可以是任何封闭的对象，如美术字或矩形。

8.5.1 应用 PowerClip 裁剪图像

应用 PowerClip 精确裁剪图像时，可以应用绘图工具绘制图文框用于裁剪图像，也可以为选定的对象创建空 PowerClip 图文框用于裁剪图像。选择要用作 PowerClip 内容的对象，如图 8-79 所示。执行"对象＞ PowerClip ＞置于图文框内部"菜单命令，执行命令后鼠标指针会变为 ▶ 形，如图 8-80 所示，将鼠标指针移至用作图文框的文本对象上，单击即可将所选位图置于文本内部，效果如图 8-81 所示。

图 8-79

图 8-80

图 8-81

8.5.2　编辑图文框中的图像

创建 PowerClip 对象后，可以选择、提取和编辑图文框中的对象，使其更适合图文框的大小和形状。选中创建的对象，如图 8-82 所示。按住 Ctrl 键单击图文框，或者右击图像，在弹出的快捷菜单中执行"编辑 PowerClip"命令，如图 8-83 所示，将图文框中的内容与图文框分离开来，以便选取图文框中的对象，如图 8-84 所示。

图 8-82

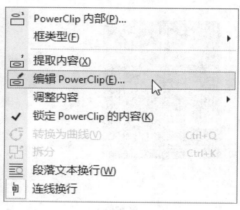

图 8-83

图 8-84

选择内容后，可以对图像任意进行缩放、旋转、调整位置等操作，如图 8-85 所示。完成图文框中对象的编辑后，再次按住 Ctrl 键不放，单击页面的空白区域，或右击对象，在弹出的快捷菜单中执行"结束编辑"命令，如图 8-86 所示，完成图像的编辑，得到如图 8-87 所示的效果。

图 8-85

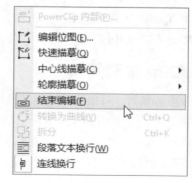

图 8-86

图 8-87

技巧提示

创建PowerClip对象后，如果想要将PowerClip图文框还原回对象，可以右击对象，在弹出的快捷菜单中执行"框类型＞无"命令。

实例 1　制作网站页面效果

在CorelDRAW中，通过编辑位图图像可以创建各种样式的版面效果。本实例将一组宠物照片导入到页面中，通过创建PowerClip对象，将导入的图像置入到相应的图文框中，完成网站页面的设计，最终效果如图8-88所示。

◎ **原始文件：** 随书资源\08\素材\01.cdr、02.jpg～09.jpg

◎ **最终文件：** 随书资源\08\源文件\制作网站页面效果.cdr

图 8-88

1 执行"文件＞打开"菜单命令，打开素材文件 01.cdr，效果如图 8-89 所示。

图 8-89

2 执行"文件＞导入"菜单命令，打开"导入"对话框，在对话框中单击选中猫咪图像 02.jpg，单击"导入"按钮，如图 8-90 所示。

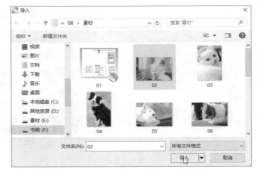

图 8-90

3 返回绘图窗口，使用鼠标在页面中拖动即可将所选位图导入，导入后的效果如图 8-91 所示。

图 8-91

4 选中导入的位图图像，单击属性栏中的"水平镜像"按钮，水平翻转图像，如图 8-92 所示。

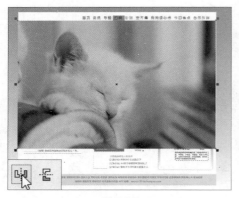

图 8-92

5 执行"效果＞调整＞调合曲线"菜单命令，打开"调合曲线"对话框，由于导入的位图图像太暗，运用鼠标在曲线上单击并向上拖动曲线，如图 8-93 所示。

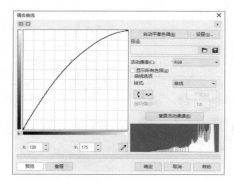

图 8-93

6 设置完成后单击"确定"按钮，提亮灰暗的图像，效果如图 8-94 所示。

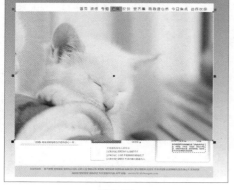

图 8-94

7 执行"效果＞调整＞颜色平衡"菜单命令，打开"颜色平衡"对话框，在对话框中设置颜色值为 -5、0、8，如图 8-95 所示。

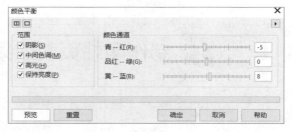

图 8-95

8 设置后单击"确定"按钮，加深青色和蓝色，获得更为粉嫩的图像效果，如图 8-96 所示。

图 8-96

9 将猫咪图像下移，显示出白色的背景部分，然后执行"对象＞ PowerClip ＞置于图文框内部"菜单命令，将鼠标指针移至最上方的白色矩形内部，单击鼠标将猫咪图像置于图文框中，如图 8-97 所示。

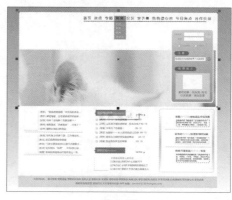

图 8-97

10 右击 PowerClip 对象，在弹出的快捷菜单中执行"编辑 PowerClip"命令，然后选中图文框中的位图图像，根据需要调整图像的大小和位置，如图 8-98 所示。

图 8-98

11 执行"对象＞ PowerClip ＞结束编辑"菜单命令，得到如图 8-99 所示的版面效果。

图 8-99

12 导入宠物图像 03.jpg ～ 06.jpg，然后通过创建 PowerClip 的方式，将导入的图像置入到相应的图形中，如图 8-100 所示。

图 8-100

13 执行"文件＞导入"菜单命令，导入宠物用品图像 07.jpg，如图 8-101 所示。

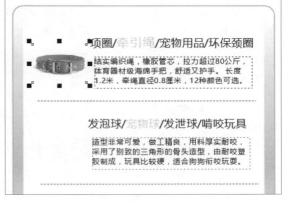

图 8-101

14 由于这幅图像分辨率不够，画面中有一些杂点，这里可以将它转换为矢量图。执行"位图＞轮廓描摹＞剪贴画"菜单命令，打开"PowerTRACE"对话框，在对话框右侧设置描摹选项，如图 8-102 所示。

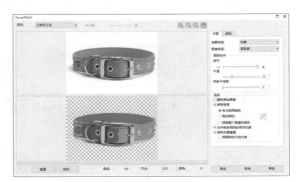

图 8-102

15 设置后单击"确定"按钮，描摹图像，创建矢量图形，如图 8-103 所示。

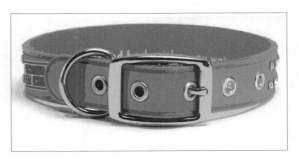

图 8-103

16 执行"文件＞导入"菜单命令，导入宠物用品图像 08.jpg。执行"位图＞轮廓描摹＞剪贴画"菜单命令，打开"PowerTRACE"对话框，在对话框右侧设置描摹选项，如图 8-104 所示。设置后单击"确定"按钮，描摹图像。

17 导入宠物用品图像 09.jpg，执行"位图＞轮廓描摹＞剪贴画"菜单命令，打开"PowerTRACE"对话框，在对话框右侧设置描摹选项，如图 8-105 所示。

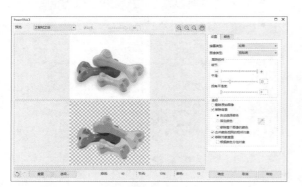

图 8-104

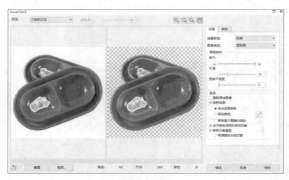

图 8-105

18 完成后单击"确定"按钮，描摹图像，如图 8-106 所示。至此，已完成本实例的制作。

狗碗/可爱食盆/自动饮水 饭盆

ABS树脂具有良好的稳定性，突出的耐冲击性、耐热性、介电性、耐磨性，表面光泽性好。底部设有防滑垫，防滑防推倒。狗狗喝水再也不会推着碗到处跑啦。

图 8-106

实例 2　描摹图像打造时尚女鞋促销海报

　　在CorelDRAW中，通过描摹的方式可以轻松创建形状复杂的矢量图形。本实例首先应用"轮廓描摹"的方式，将导入的女鞋图像转换为矢量图形，然后结合"形状工具"调整图形形状，抠出完整的鞋子部分，为其添加新的背景图像，打造成时尚女鞋促销海报，最终效果如图8-107所示。

◎ **原始文件：** 随书资源\08\素材\10.jpg、11.cdr
◎ **最终文件：** 随书资源\08\源文件\描摹图像
　　　　　　　打造时尚女鞋促销海报.cdr

图 8-107

1 新建一个空白文档，执行"文件＞导入"菜单命令，导入女鞋图像 10.jpg，并调整图像至合适的大小，如图 8-108 所示。

图 8-108

2 执行"位图＞轮廓描摹＞高质量图像"菜单命令，弹出提示对话框，在对话框中单击"缩小位图"按钮，如图 8-109 所示。

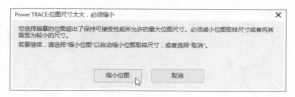

图 8-109

3 打开"PowerTRACE"对话框，在对话框右侧设置细节、平滑等选项，并勾选"移除背景"复选框，如图 8-110 所示。

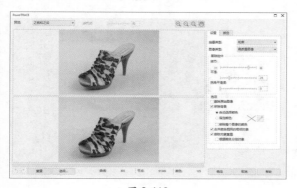

图 8-110

4 设置完成后单击"确定"按钮，描摹导入的鞋子图像，如图 8-111 所示。

图 8-111

5 应用"选择工具"选中描摹后的图形，将其移至绘图页面外，如图 8-112 所示。

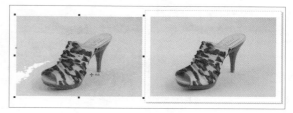

图 8-112

6 单击属性栏中的"取消组合对象"按钮，将描摹的图形拆分为单个对象，然后用"选择工具"选取描摹后的背景部分，按下 Delete 键，删除背景图形，如图 8-113 所示。

图 8-113

7 单击工具箱中的"钢笔工具"按钮，沿位图图像的鞋子边缘绘制路径，如图 8-114 所示。

8 应用"选择工具"选中位图图像，执行"对象＞ PowerClip ＞置于图文框内部"菜单命令，在绘制的路径中间单击，将图像置于路径内，抠出鞋子图像，并去除轮廓线，如图 8-115 所示。

图 8-114　　　　　　图 8-115

图 8-120

9 选择旁边描摹后的矢量图形移到抠出的鞋子上，重合图形与图像。单击工具箱中的"形状工具"按钮，单击鞋底下方的图形，显示节点，然后单击选中超出鞋子边缘的一个节点，按下 Delete 键删除节点，如图 8-116 所示。

10 继续使用同样的方法删除更多节点，并调整图形形状，使描摹的图形与下方位图图像中的鞋子外形更一致，如图 8-117 所示。

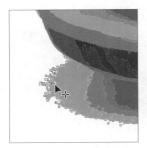

图 8-116　　　　　　图 8-117

11 单击"选择工具"按钮，在图形和图像上单击并拖动，框选对象，如图 8-118 所示。单击属性栏中的"组合对象"按钮，组合对象，如图 8-119 所示。

图 8-118　　　　　　图 8-119

12 执行"文件>导入"菜单命令，导入背景图像 11.cdr，执行"对象>顺序>向后一层"菜单命令，将背景图像置于鞋子下方，如图 8-120 所示。

13 用"选择工具"选中鞋子对象，单击属性栏中的"水平镜像"按钮，水平翻转对象，如图 8-121 所示。

图 8-121

14 单击工具箱中的"阴影工具"按钮，在鞋子对象上单击并拖动，添加阴影，并在属性栏中设置选项，创建更逼真的阴影效果，完成本实例的制作，如图 8-122 所示。

图 8-122

实例 3　调整图像制作美丽的风景图

CorelDRAW中有许多调整图像明暗、色彩的调整命令。本实例将对导入的风景照片进行调整，先使用"调合曲线""亮度/对比度/强度"调整灰暗的图像，使图像变得明亮起来，再通过设置"颜色平衡"选项，加深青色和蓝色，展示更加美丽的雪山风光，最终效果如图8-123所示。

◎ **原始文件：**随书资源\08\素材\12.jpg
◎ **最终文件：**随书资源\08\源文件\调整图像
制作美丽的风景图.cdr

图 8-123

1 执行"文件>新建"菜单命令，新建一个A4尺寸的横向空白文档。执行"文件>导入"菜单命令，打开"导入"对话框，在对话框中选择雪山图像12.jpg，单击"导入"按钮，然后在页面中单击，导入图像，效果如图 8-124 所示。

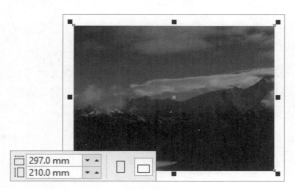

图 8-124

2 确保导入图像为选中状态，单击属性栏中的"对位图重新取样"按钮，打开"重新取样"对话框，在对话框中设置新的"宽度"和"高度"值，如图 8-125 所示。

图 8-125

3 单击"确定"按钮，应用设置的参数调整图像大小，如图 8-126 所示。

图 8-126

4 执行"效果>调整>调合曲线"菜单命令，打开"调合曲线"对话框，在对话框中单击并向上拖动曲线，提亮中间调部分，再单击并向上拖动左下角的曲线控制点，提亮暗部区域，如图 8-127 所示。

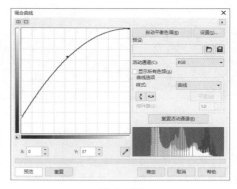

图 8-127

5 设置完成后单击"确定"按钮，应用设置调整图像，得到更加明亮的图像，效果如图8-128 所示。

图 8-128

6 执行"效果＞调整＞亮度 / 对比度 / 强度"菜单命令，打开"亮度 / 对比度 / 强度"对话框，在对话框中设置"对比度"为 30、"强度"为 4，如图 8-129 所示。

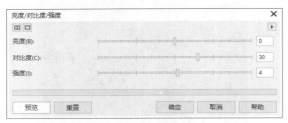

图 8-129

7 单击"确定"按钮，应用设置调整图像，增强图像对比效果，如图 8-130 所示。

图 8-130

8 执行"效果＞调整＞颜色平衡"菜单命令，打开"颜色平衡"对话框，在对话框中设置颜色通道值为 -21、0、23，并勾选"阴影""中间色调"和"保持亮度"复选框，如图 8-131 所示。

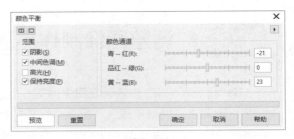

图 8-131

9 单击"确定"按钮，应用设置调整图像颜色，得到如图 8-132 所示的效果。

图 8-132

10 执行"位图＞图像调整实验室"菜单命令，在打开的对话框右侧设置各选项值。单击对话框顶部的"全屏预览之前和之后"按钮，预览图像，如图 8-133 所示，设置完成后单击"确定"按钮。

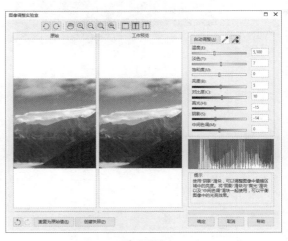

图 8-133

11 执行"位图>鲜明化>鲜明化"菜单命令，打开"鲜明化"对话框，在对话框中设置"边缘层次"为13、"阈值"为5，如图8-134所示。

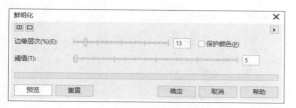

图 8-134

12 设置完成后单击"确定"按钮，应用"鲜明化"滤镜锐化图像，得到更清晰的图像，如图8-135所示。

图 8-135

实例 4　制作相册模板

处理照片时，经常会利用一些相册模板快速创建美观的画面效果。本实例就来制作一个相册模板，首先在导入页面的背景图像中绘制矢量图形作为相框，再导入拍摄的人像照片，通过创建PowerClip对象，将人像照片置入绘制好的相框中，完成相册模板的设计，最终效果如图8-136所示。

◎ **原始文件：** 随书资源\08\素材\13.jpg～
16.jpg、17.ai
◎ **最终文件：** 随书资源\08\源文件\制作相册
模板.cdr

图 8-136

1 创建新文档，执行"文件>导入"菜单命令，导入素材文件13.jpg，导入后的图像效果如图8-137所示。

图 8-137

2 单击工具箱中的"钢笔工具"按钮，在背景图像上绘制一个四边形，并将图形填充为白色，去除轮廓线，如图8-138所示。

3 单击工具箱中的"阴影工具"按钮，在绘制的四边形上方单击并拖动，为其添加阴影效果，如图8-139所示。

图 8-138

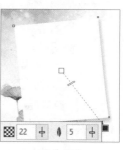

图 8-139

4 继续使用"钢笔工具"绘制稍小一些的矩形，执行"窗口＞调色板＞默认 CMYK 调色板"菜单命令，打开"默认 CMYK 调色板"，右击调色板中的"冰蓝"色标，如图 8-140 所示，将图形轮廓色设置为冰蓝色，如图 8-141 所示。

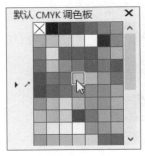

图 8-140

图 8-141

5 应用"选择工具"同时选中绘制的两个图形，执行"编辑＞复制"菜单命令，复制图形，然后执行"编辑＞粘贴"菜单命令，粘贴已经复制的图形，再通过相同方法复制更多图形，根据画面适当调整图形位置和阴影角度，得到如图 8-142 所示的效果。

图 8-142

6 执行"文件＞导入"菜单命令，导入素材图像 14.jpg，如图 8-143 所示。

图 8-143

7 执行"对象＞ PowerClip ＞置于图文框内部"菜单命令，将鼠标指针移到最左侧的图形内部，此时鼠标指针会变为◆形，单击将导入的人物图像置于图形内部，效果如图 8-144 所示。

图 8-144

8 执行"对象＞ PowerClip ＞编辑 PowerClip"菜单命令，提取图文框中的图像，并对图像进行缩放和旋转操作，如图 8-145 所示。

图 8-145

9 完成图文框中的图像编辑后，右击图像，在弹出的快捷菜单中执行"结束编辑"命令，得到如图 8-146 所示的效果。

图 8-146

10 执行"文件＞导入"菜单命令，导入素材图像 15.jpg，如图 8-147 所示。

图 8-147

11 执行"对象＞ PowerClip ＞置于图文框内部"菜单命令，将鼠标指针移到中间的图形内部，单击将导入的人物图像置于图形内部，如图 8-148 所示。

图 8-148

12 执行"对象＞ PowerClip ＞编辑 Power-Clip"命令，调整图文框中的图像大小和位置，如图 8-149 所示。

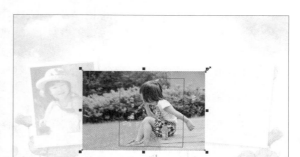

图 8-149

13 继续使用同样的方法，添加更多人物图像及夹子图形，最终效果如图 8-150 所示。

图 8-150

8.6 | 本章小结

本章主要讲解了 CorelDRAW 的位图编辑功能，使用 CorelDRAW 不但可以完成矢量图形的创建与编辑，还可以将矢量图转换为位图，并添加各种效果。读者通过对本章的学习，能够快速掌握位图图像的创建与处理技术。

8.7 | 课后练习

1．填空题

（1）导入位图图像后，单击属性栏中的＿＿＿＿按钮，打开＿＿＿＿对话框，在对话框中可以对位图图像的大小、分辨率进行设置。

（2）使用_____裁剪位图时，可以定义希望保留的_____，_____为需要移除的图像。

（3）CorelDRAW提供了_____、_____和_____3种位图描摹方法。

（4）应用_____不但可以调整位图图像的明暗度，还可以调整指定颜色通道中的图像明暗程度。

2．问答题

（1）导入位图的方法有哪些？

（2）怎样使用"矫正图像"功能校正变形的位图图像？

3．上机题

（1）打开随书资源\08\课后练习\素材\01.cdr，如图8-151所示，通过创建PowerClip对象，置入随书资源\08\课后练习\素材\02.jpg～08.jpg，合成美食类网页模板，如图8-152所示。

图 8-151　　　　　　　　　　　　　　　图 8-152

（2）创建新文件，导入随书资源\08\课后练习\素材\09.jpg，如图8-153所示。应用"调整"功能调整和美化位图图像，效果如图8-154所示。

图 8-153　　　　　　　　　　　　　　　图 8-154

第9章

滤镜的应用

使用CorelDRAW中的滤镜可以为位图图像设置各种特殊的效果，这些滤镜都存储在"位图"菜单中。用户可以通过执行相应的菜单命令，在打开的对话框中设置选项，在图像中应用滤镜效果。对于同一图像可以同时应用多种不同的滤镜效果。

9.1 三维效果滤镜

三维效果滤镜是把平面的图像处理成不同的立体效果。"三维效果"滤镜组包含"三维旋转""柱面""浮雕""卷页""透视""挤远／挤近"和"球面"共 7 种滤镜。

9.1.1 三维旋转

"三维旋转"滤镜可以按照设置的水平和垂直角度数值旋转图像。应用这种旋转时，位图将模拟三维立方体的一个面，模拟从各种角度来观察这个立方体，从而使立方体上的这个位图产生变形效果。"三维旋转"滤镜常用于给立体的建筑外立面或包装盒等设计作品添加图案。

导入并选中位图图像，如图 9-1 所示。执行"位图＞三维效果＞三维旋转"菜单命令，打开"三维旋转"对话框，在对话框中设置"水平"和"垂直"的参数值，如图 9-2 所示。单击"确定"按钮，应用滤镜，得到如图 9-3 所示的效果。

图 9-1

图 9-2

图 9-3

9.1.2 柱面

"柱面"滤镜通过在水平方向或垂直方向进行挤压或拉伸，使图像产生缠绕在柱面内侧或柱面外侧的变形效果。导入位图图像，如图 9-4 所示。选中图像，执行"位图＞三维效果＞柱面"菜单命令，打开"柱面"对话框，单击"水平"单选按钮，设置沿水平柱面产生的缠绕效果，如图 9-5 所示。单击"确定"按钮，应用"柱面"滤镜效果，如图 9-6 所示。

图 9-4

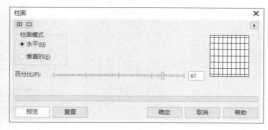

图 9-5

图 9-6

9.1.3　浮雕

　　"浮雕"滤镜可以使选定的对象产生具有深度感的浮雕效果，并且可以根据需要指定浮雕的颜色。导入位图图像，如图 9-7 所示。选中图像，执行"位图＞三维效果＞浮雕"菜单命令，打开"浮雕"对话框，在对话框中指定浮雕的深度、层次、方向及颜色等，如图 9-8 所示。设置完成后单击"确定"按钮，应用"浮雕"滤镜效果，如图 9-9 所示。

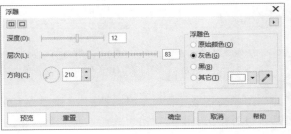
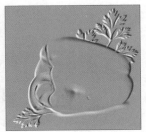

　　　　图 9-7　　　　　　　　　　　　　　　图 9-8　　　　　　　　　　　　　　图 9-9

9.1.4　卷页

　　"卷页"滤镜能使位图的 4 个边产生不同程度的卷起效果，常用于为照片添加卷页风格效果。导入位图图像，如图 9-10 所示。执行"位图＞三维效果＞卷页"菜单命令，打开"卷页"对话框，在对话框中设置卷页的方向、纸张的透明性、卷页和背景颜色及页面卷曲的范围，如图 9-11 所示。设置完成后单击"确定"按钮，应用滤镜，效果如图 9-12 所示。

　　　　图 9-10　　　　　　　　　　　　　　图 9-11　　　　　　　　　　　　　图 9-12

9.1.5　透视

　　"透视"滤镜可以使图像产生三维透视效果。导入位图图像，如图 9-13 所示。选中图像，执行"位图＞三维效果＞透视"菜单命令，打开"透视"对话框，在对话框中通过拖动调节框中的 4 个白色方块节点，设置图像的透视方向，然后选择类型为"透视"，并勾选"最适合"复选框，如图 9-14 所示。设置完成后单击"确定"按钮，效果如图 9-15 所示。

　　　　图 9-13　　　　　　　　　　　　　　图 9-14　　　　　　　　　　　　　图 9-15

　　"透视"对话框提供"透视"和"切变"两种变形类型。选择"透视"类型时,拖曳调节框中的4个白色方块节点,可以使图像产生透视效果;选择"切变"类型时,拖曳调节框中的4个白色方块节点,可以使图像产生倾斜效果。

9.1.6　挤远／挤近

　　"挤远／挤近"滤镜可以通过网状挤压的方式拉远或拉近图片某个点的区域,当设置为正值时创建拉远效果,设置为负值时创建拉近效果。导入位图图像,如图 9-16 所示。选中图像,执行"位图＞三维效果＞挤远／挤近"菜单命令,打开"挤远／挤近"对话框,单击"中心点"按钮,在预览框中单击一点作为挤压变形的中心点,如图 9-17 所示,然后拖动"挤远／挤近"滑块,设置图像挤远或挤近变形的程度,单击"确定"按钮,即可应用"挤远／挤近"滤镜,效果如图 9-18 所示。

图 9-16

图 9-17

图 9-18

9.1.7　球面

　　"球面"滤镜可以使位图图像产生一种以球形为基准的展开延伸球化效果。导入位图图像,如图 9-19 所示。执行"位图＞三维效果＞球面"菜单命令,打开"球面"对话框,在对话框中设置"优化"选项,选择优化标准,并拖动"百分比"滑块,设置球面的凹凸程度,如图 9-20 所示。设置完成后单击"确定"按钮,应用"球面"滤镜,效果如图 9-21 所示。

图 9-19

图 9-20

图 9-21

　　对图像应用"球面"滤镜时,默认以画面中心为球面变形的基准点,如果需要调整球面变形的中心点,则需要单击"预览"按钮 □,显示图像预览框,然后单击对话框下方的"中心点"按钮 ⬆,在需要设置为中心点的位置单击。

9.2 | 艺术笔触滤镜

　　艺术笔触滤镜可以为位图添加一些手工美术绘画技法的效果，"艺术笔触"滤镜组包含"炭笔画""单色蜡笔画""蜡笔画""立体派""印象派""调色刀""彩色蜡笔画""钢笔画""点彩派""木版画""素描""水彩画""水印画"和"波纹纸画"共 14 种不同表现技法的滤镜。下面对其中一些滤镜的使用方法进行讲解。

9.2.1 炭笔画

　　"炭笔画"滤镜可以使位图图像产生类似于用炭笔绘画的效果。导入位图图像，如图 9-22 所示。选中导入的图像，执行"位图＞艺术笔触＞炭笔画"菜单命令，打开"炭笔画"对话框，在对话框中有"大小"和"边缘"两个选项，设置"大小"选项控制炭笔像素的大小，设置"边缘"选项控制位图边缘的软硬度，如图 9-23 所示。设置完成后单击"确定"按钮，将位图转换为炭笔绘画效果，如图 9-24 所示。

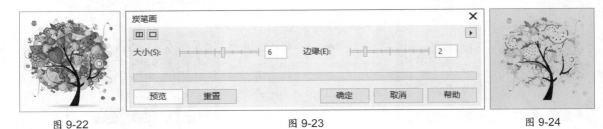

图 9-22　　　　　　　　　　　　　　　　图 9-23　　　　　　　　　　　　图 9-24

9.2.2 蜡笔画

　　"蜡笔画"滤镜可以让位图图像的像素分散，产生类似于应用蜡笔绘制的效果。导入位图图像，如图 9-25 所示。选中图像，执行"位图＞艺术笔触＞蜡笔画"菜单命令，打开"蜡笔画"对话框，在对话框中设置"大小"和"轮廓"选项，如图 9-26 所示。设置完成后单击"确定"按钮，得到如图 9-27 所示的图像效果。

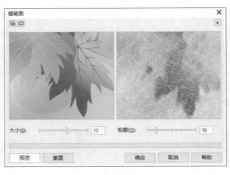

图 9-25　　　　　　　　　　　　　　图 9-26　　　　　　　　　　　　图 9-27

9.2.3 钢笔画

　　"钢笔画"滤镜可以使图像产生使用钢笔绘画的效果，通过单色线条的变化和由线条的轻重疏密组成的灰白调子来表现对象。导入位图图像，如图 9-28 所示。执行"位图＞艺术笔触＞钢笔画"菜单命令，打开"钢笔画"对话框，在对话框中选择钢笔绘制样式为"交叉阴影"，调整钢笔"密度"

和"墨水"浓度,如图 9-29 所示。设置完成后单击"确定"按钮,即可应用滤镜,效果如图 9-30 所示。

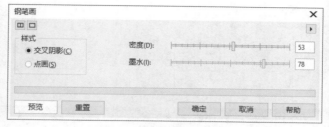

图 9-28　　　　　　　　　　　　　　图 9-29　　　　　　　　　　　　　　图 9-30

> **知识补充**
>
> "钢笔画"对话框中的"样式"选项组提供了"交叉阴影"和"点画"两种绘画样式。选择"交叉阴影",可产生由疏密程度不同的交叉线条组成的钢笔画效果;选择"点画",可产生由疏密程度不同的点组成的钢笔画效果。

9.2.4　素描

　　"素描"滤镜可以使图像产生类似于透过彩色玻璃看到的画面效果。导入要创建为素描效果的位图图像,如图 9-31 所示。选中该图像,执行"位图>艺术笔触>素描"命令,打开"素描"对话框,设置"铅笔类型"为"碳色",调整铅笔样式和笔芯的粗细,如图 9-32 所示。设置后单击"确定"按钮,应用"素描"滤镜,效果如图 9-33 所示。

图 9-31　　　　　　　　　　　　　　图 9-32　　　　　　　　　　　　　　图 9-33

> **知识补充**
>
> 在"素描"对话框中有"碳色"和"颜色"两种铅笔类型。选择"碳色"铅笔类型时,可以将图像制作成黑白铅笔画的效果;选择"颜色"铅笔类型时,可以将图像制作成彩铅画的效果。

9.2.5　水彩画

　　"水彩画"滤镜可以为图像创建笔触洒脱、色彩明快的水彩画效果。导入位图图像,如图 9-34 所示。执行"位图>艺术笔触>水彩画"菜单命令,打开"水彩画"对话框,在对话框中设置"画刷大小"控制笔刷粗细,设置"粒状"控制纸张底纹的粗糙程度,设置"水量"控制笔刷的含水量,如图 9-35 所示。设置后单击"确定"按钮,应用"水彩画"滤镜,效果如图 9-36 所示。

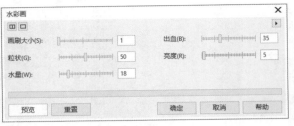

图 9-34   图 9-35   图 9-36

9.3   模糊滤镜

  模糊滤镜可以柔化图像画面和平滑边缘，"模糊"滤镜组包含"定向平滑""高斯式模糊""锯齿状模糊""低通滤波器""动态模糊""放射式模糊""平滑""柔和""缩放"和"智能模糊"共 10 种模糊滤镜。下面简单介绍部分滤镜的使用方法和技巧。

9.3.1   高斯式模糊

  "高斯式模糊"滤镜可以按照高斯分布曲线产生一种朦胧雾化的效果，它与 Photoshop 中的"高斯模糊"滤镜效果相同。"高斯式模糊"滤镜可以改变边缘比较锐利的图像的品质，提高边缘参差不齐的位图图像的质量。导入位图，如图 9-37 所示。选中图像，执行"位图＞模糊＞高斯式模糊"菜单命令，打开"高斯式模糊"对话框，在对话框中设置的"半径"值越大，得到的对象就越模糊，这里设置"半径"值为 3.8 像素，如图 9-38 所示。然后单击"确定"按钮，应用"高斯式模糊"滤镜模糊图像，效果如图 9-39 所示。

图 9-37   图 9-38   图 9-39

9.3.2   低通滤波器

  "低通滤波器"滤镜可以降低相邻像素间的对比度，即消除图像锐利的边缘，保留光滑的低反差区域，从而得到模糊的图像效果。导入位图图像，如图 9-40 所示。选中图像，执行"位图＞模糊＞低通滤波器"菜单命令，打开"低通滤波器"对话框，在对话框中设置"百分比"和"半径"选项，如图 9-41 所示。设置后单击"确定"按钮，应用滤镜，效果如图 9-42 所示。

图 9-40   图 9-41   图 9-42

9.3.3 动态模糊

"动态模糊"滤镜可以将图像沿一定方向创建镜头运动所产生的动态模糊效果，就像用照相机拍摄快速运动的物体产生的运动模糊效果。导入位图图像，如图 9-43 所示。选中图像，执行"位图＞模糊＞动态模糊"菜单命令，打开"动态模糊"对话框，在对话框中先拖动"间距"滑块，调整模糊的强度，再拖动"方向"右侧的圆形内的指针，调整模糊的方向，如图 9-44 所示。设置后单击"确定"按钮，应用"动态模糊"滤镜，效果如图 9-45 所示。

 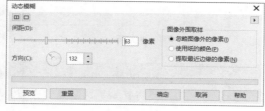 

图 9-43   图 9-44   图 9-45

9.3.4 放射式模糊

"放射式模糊"滤镜可以使位图图像从指定的圆心处产生同心圆旋转的模糊效果。导入位图图像，如图 9-46 所示。选中图像，执行"位图＞模糊＞放射式模糊"菜单命令，打开"放射状模糊"对话框，在对话框中单击"中心点"按钮，在对话框上方的预览图中需要设置为模糊中心点的位置单击，再拖动"数量"滑块，控制模糊的强度，如图 9-47 所示。设置后单击"确定"按钮，应用"放射式模糊"滤镜，效果如图 9-48 所示。

图 9-46   图 9-47   图 9-48

9.3.5 缩放

"缩放"滤镜可以从图像的某个点往外扩散，产生爆炸的视觉冲击效果。导入位图图像，如图 9-49 所示。选中图像，执行"位图＞模糊＞缩放"菜单命令，打开"缩放"对话框，单击上方的"预览"按钮，单击"中心点"按钮，在预览图上单击一点作为中心点，然后设置"数量"选项，调整缩放模糊效果的明显程度，如图 9-50 所示。设置后单击"确定"按钮，应用滤镜，效果如图 9-51 所示。

图 9-49

图 9-50

图 9-51

在滤镜对话框中设置各项参数后，如果要将其恢复为默认的数值，可以单击对话框左下角的"重置"按钮。

9.4 创造性滤镜

创造性滤镜可以为图像添加各种底纹和形状。"创造性"滤镜组包含"工艺""晶体化""织物""框架""玻璃砖""儿童游戏""马赛克""粒子""散开""茶色玻璃""彩色玻璃""虚光""旋涡"和"天气"共 14 种滤镜效果。下面介绍部分滤镜的使用方法和技巧。

9.4.1 工艺

"工艺"滤镜可以使位图图像产生类似于用工艺元素拼接起来的画面效果，即将位图图像转换为传统的工艺图像。导入位图图像，如图 9-52 所示。选中图像，执行"位图＞创造性＞工艺"菜单命令，打开"工艺"对话框，在对话框中单击"样式"下拉按钮，选择样式选项，再设置各选项参数，如图 9-53 所示。设置后单击"确定"按钮，应用滤镜，效果如图 9-54 所示。

图 9-52

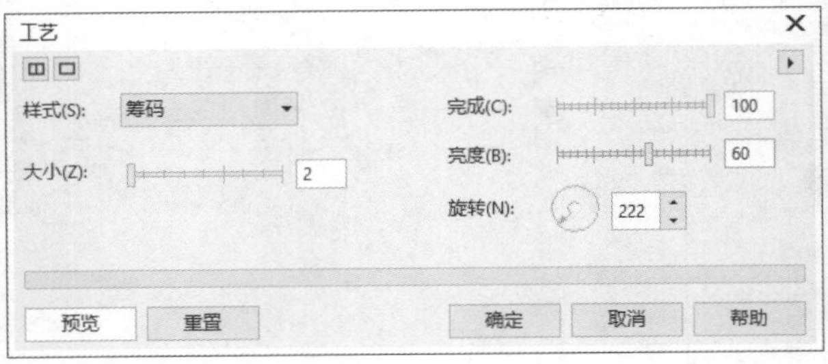

图 9-53

图 9-54

9.4.2 晶体化

"晶体化"滤镜可以使位图图像产生类似于晶体块状组合的画面效果。导入位图图像，如图 9-55 所示。选中图像，执行"位图＞创造性＞晶体化"菜单命令，打开"晶体化"对话框，在对话框中拖动"大小"选项滑块，设置晶体块的大小，如图 9-56 所示。设置完成后单击"确定"按钮，应用"晶体化"滤镜，效果如图 9-57 所示。

图 9-55

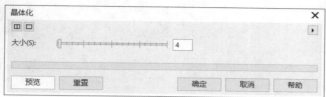

图 9-56

图 9-57

9.4.3 织物

  "织物"滤镜可以使位图图像产生类似于各种编织物的画面效果。导入位图，如图 9-58 所示。选中图像，执行"位图>创造性>织物"菜单命令，打开"织物"对话框，在对话框中单击"样式"下拉按钮，选择织物样式，再调整其他各选项参数，如图 9-59 所示。设置后单击"确定"按钮，应用滤镜，效果如图 9-60 所示。

图 9-58

图 9-59

图 9-60

9.4.4 框架

  "框架"滤镜可以使位图图像边缘产生艺术的抹刷效果，多用于为拍摄的照片添加艺术化边框效果。导入位图图像，如图 9-61 所示。选中图像，执行"位图>创造性>框架"菜单命令，打开"框架"对话框，在对话框中的"选择"选项卡中选取要应用的框架类型，如图 9-62 所示。设置后单击"预览"按钮，即可在绘图窗口中查看应用滤镜的效果，如图 9-63 所示。

图 9-61

图 9-62

图 9-63

  如果需要修改框架效果，单击"修改"标签，切换到"修改"选项卡，如图 9-64 所示。在此选项卡下可以对框架进行缩放和旋转，单击左上角的"全屏预览"按钮□，展开图像预览框，然后单击"中心点"按钮，在预览图中单击重新设置框架的位置，如图 9-65 所示。设置后得到如图9-66 所示的框架图像效果。

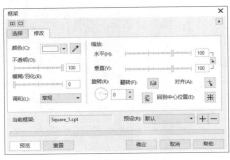

图 9-64　　　　　　　　　　　图 9-65　　　　　　　　　　　图 9-66

9.4.5　马赛克

　　"马赛克"滤镜可以使位图图像产生类似于马赛克拼接成的画面效果。导入位图图像，如图 9-67 所示。选中图像，执行"位图＞创造性＞马赛克"菜单命令，打开"马赛克"对话框，在对话框中设置"大小"为 20、"背景色"为灰色，并勾选"虚光"复选框，如图 9-68 所示。设置后单击"确定"按钮，应用滤镜，效果如图 9-69 所示。

图 9-67　　　　　　　　　　　图 9-68　　　　　　　　　　　图 9-69

技巧提示

　　在"马赛克"对话框中，单击"背景色"右侧的倒三角形按钮，将会打开颜色挑选器，在其中可以单击色块或输入数值，调整虚光背景部分的颜色。

9.4.6　虚光

　　"虚光"滤镜可以使图像周围产生虚光的画面效果，类似于 Photoshop 中的"光照效果"滤镜。导入位图图像，如图 9-70 所示，选中图像，执行"位图＞创造性＞虚光"菜单命令，打开"虚光"对话框，在对话框中设置虚光"颜色"为黑色、"形状"为"椭圆形"，根据图像调整虚光"偏移"和"褪色"值，如图 9-71 所示。设置后单击"确定"按钮，应用滤镜，效果如图 9-72 所示。

图 9-70　　　　　　　　　　　图 9-71　　　　　　　　　　　图 9-72

9.4.7 天气

　　"天气"滤镜可以在图像中模拟雨、雪、雾的天气效果。导入一幅风景图，如图 9-73 所示。选中图像，执行"位图＞创造性＞天气"菜单命令，打开"天气"对话框，在对话框的"预报"选项组中设置模拟的天气，单击"雨"单选按钮，再调整"浓度"和"大小"，单击"全屏预览"按钮，预览效果，如图 9-74 所示。设置后单击"确定"按钮，应用滤镜，效果如图 9-75 所示。

图 9-73　　　　　　　　　　　　图 9-74　　　　　　　　　　　　图 9-75

9.5 | 扭曲滤镜

　　扭曲滤镜可以让位图图像产生扭曲变形的效果。"扭曲"滤镜组包含"块状""置换""网孔扭曲""偏移""像素""龟纹""旋涡""平铺""湿笔画""涡流"和"风吹效果"共 11 种扭曲滤镜效果。下面简单介绍部分扭曲滤镜的使用方法和技巧。

9.5.1 块状

　　"块状"滤镜可以使图像分裂成块状的效果。导入位图图像，如图 9-76 所示。选中图像，执行"位图＞扭曲＞块状"菜单命令，打开"块状"对话框，在对话框中设置未定义区域的颜色，并调整块宽度、块高度等选项，如图 9-77 所示。设置后单击"确定"按钮，应用滤镜，效果如图 9-78 所示。

 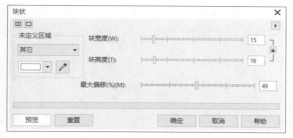 

图 9-76　　　　　　　　　　　　图 9-77　　　　　　　　　　　　图 9-78

9.5.2 网孔扭曲

　　"网孔扭曲"滤镜可以按网格曲线扭动的方向变形图像，产生飘动的效果。导入位图图像，如图 9-79 所示。选中图像，执行"位图＞扭曲＞网孔扭曲"菜单命令，打开"网孔扭曲"对话框，在对话框下方先设置"网格线"数量，然后在显示的网格线上单击并拖动，调整网格曲线，如图 9-80 所示。设置后单击"确定"按钮，应用滤镜，效果如图 9-81 所示。

图 9-79

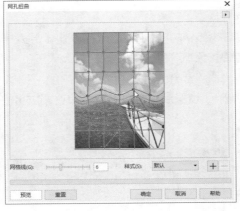

图 9-80

图 9-81

9.5.3 偏移

"偏移"滤镜可以使图像产生画面对象的位置偏移效果。导入位图图像，如图 9-82 所示。选中图像，执行"位图＞扭曲＞偏移"菜单命令，打开"偏移"对话框，在对话框中设置各项参数，如图 9-83 所示。设置后单击"确定"按钮，应用滤镜，效果如图 9-84 所示。

图 9-82

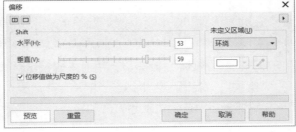

图 9-83

图 9-84

9.5.4 龟纹

"龟纹"滤镜可以对位图图像中的像素进行颜色混合，使图像产生畸变的波浪效果。导入位图，如图 9-85 所示。选中图像，执行"位图＞扭曲＞龟纹"菜单命令，打开"龟纹"对话框，在对话框中设置主波纹扭曲的周期和振幅，再勾选"垂直波纹"复选框，创建副波纹，并调整副波纹的振幅值，如图 9-86 所示。设置后单击"确定"按钮，应用滤镜，效果如图 9-87 所示。

图 9-85

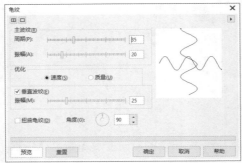

图 9-86

图 9-87

9.5.5 风吹效果

"风吹效果"滤镜可以使图像产生类似于被风吹过的画面效果,用此滤镜可制作拉丝效果。导入位图图像,如图 9-88 所示。选中图像,执行"位图＞扭曲＞风吹效果"菜单命令,打开"风吹效果"对话框,设置各项参数,如图 9-89 所示。设置后单击"确定"按钮,即可应用"风吹效果"滤镜,效果如图 9-90 所示。

图 9-88

图 9-89

图 9-90

9.6 | 鲜明化滤镜

鲜明化滤镜可以改变位图图像中相邻像素的色度、亮度及对比度,从而增强图像的颜色锐度,使图像颜色更加鲜明突出,图像更加清晰。"鲜明化"滤镜组包含"适应非鲜明化""定向柔化""高通滤波器""鲜明化"和"非鲜明化遮罩"共 5 种滤镜。下面简单介绍部分滤镜的使用方法。

9.6.1 适应非鲜明化

"适应非鲜明化"滤镜可以增强图像中对象边缘的颜色锐度,使对象的边缘颜色更加鲜艳的同时,提高图像的清晰度。导入位图图像,如图 9-91 所示。选中图像,执行"位图＞鲜明化＞适应非鲜明化"菜单命令,打开"适应非鲜明化"对话框,在对话框中应用"百分比"选项控制图像的清晰度,设置的参数越大,得到的图像越清晰,这里设置"百分比"为 100,如图 9-92 所示。设置后单击"确定"按钮,应用滤镜,效果如图 9-93 所示。

图 9-91

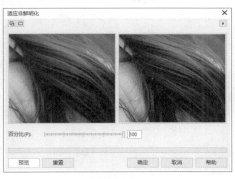
图 9-92

图 9-93

> **知识补充**
>
> "定向柔化"滤镜与"适应非鲜明化"滤镜类似，都是通过调整"百分比"值来控制图像的清晰度，不同的是，"定向柔化"滤镜是通过提高图像中相邻颜色的对比度来突出和强化边缘，使图像变得更清晰。

9.6.2 高通滤波器

"高通滤波器"滤镜可以增加图像的颜色反差，准确显示出图像的轮廓，产生的效果和"浮雕"滤镜的效果相似。导入位图图像，如图 9-94 所示。选中图像，执行"位图＞鲜明化＞高通滤波器"菜单命令，打开"高通滤波器"对话框，在对话框中设置各项参数，如图 9-95 所示。设置后单击"确定"按钮，应用滤镜，效果如图 9-96 所示。

| 图 9-94 | 图 9-95 | 图 9-96 |

9.6.3 鲜明化

"鲜明化"滤镜通过增加图像中相邻像素的色度、亮度及对比度，使图像变得更鲜明、清晰。导入位图图像，如图 9-97 所示。选中图像，执行"位图＞鲜明化＞鲜明化"菜单命令，打开"鲜明化"对话框，设置"边缘层次"和"阈值"选项，如图 9-98 所示。设置后单击"确定"按钮，应用滤镜，效果如图 9-99 所示。

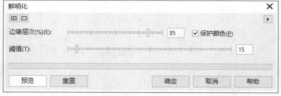

| 图 9-97 | 图 9-98 | 图 9-99 |

9.6.4 非鲜明化遮罩

"非鲜明化遮罩"滤镜可以增强图像的边缘细节，对模糊的区域进行锐化，从而使图像更加清晰。导入位图，如图 9-100 所示。选中图像，执行"位图＞鲜明化＞非鲜明化遮罩"菜单命令，打开"非鲜明化遮罩"对话框，设置各项参数，如图 9-101 所示。设置后单击"确定"按钮，应用滤镜，效果如图 9-102 所示。

图 9-100

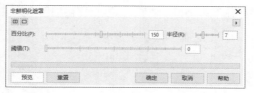

图 9-101

图 9-102

实例 1　应用滤镜打造手绘素描效果

　　CorelDRAW提供的艺术笔触滤镜可以模拟绘画技法绘制的图像效果。本实例先对导入的鞋子图像应用"素描"滤镜，将图像转换为素描效果，再结合"非鲜明化遮罩"滤镜锐化图像，并为其添加白色的光晕，最后应用"卷边"滤镜在画面右下角添加卷角效果，最终效果如图9-103所示。

◎ **原始文件：** 随书资源\09\素材\01.jpg
◎ **最终文件：** 随书资源\09\源文件\应用滤镜打造手绘素描效果.cdr

图 9-103

1　创建新文档，执行"文件＞导入"菜单命令，导入鞋子图像 01.jpg，如图 9-104 所示。

图 9-104

2　应用"选择工具"选中鞋子图像，执行"位图＞艺术笔触＞素描"菜单命令，打开"素描"对话框，在对话框中设置各选项，如图 9-105 所示。

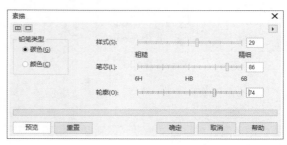

图 9-105

3　单击"确定"按钮，对位图图像应用"素描"滤镜，效果如图 9-106 所示。

图 9-106

4 选中位图图像，执行"位图＞鲜明化＞非鲜明化遮罩"菜单命令，打开"非鲜明化遮罩"对话框，在对话框中设置"百分比"为100、"半径"为2，如图 9-107 所示。

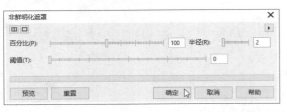

图 9-107

5 单击"确定"按钮，应用"非鲜明化遮罩"滤镜锐化图像，得到边缘更清晰的图像效果，如图 9-108 所示。

图 9-108

6 选中图像，执行"效果＞调整＞高反差"菜单命令，打开"高反差"对话框，在对话框右侧的色阶区域单击并拖动色阶滑块，如图 9-109 所示。

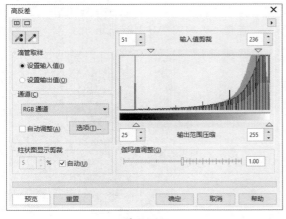

图 9-109

7 设置完成后单击"确定"按钮，应用"高反差"命令调整图像，在绘图窗口中可看到增强对比后的图像效果，如图 9-110 所示。

图 9-110

8 这里只需要显示中间的鞋子部分，灰色的背景则需要隐藏，应用"选择工具"选中图像，执行"位图＞创造性＞虚光"菜单命令，打开"虚光"对话框，在对话框中单击"白色"单选按钮，设置虚光部分颜色为白色，设置"偏移"为113、"褪色"为50，如图 9-111 所示。

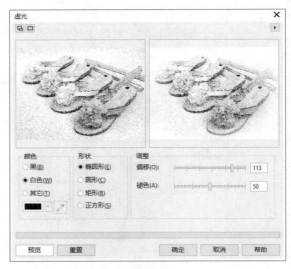

图 9-111

9 单击"确定"按钮，应用"虚光"滤镜提亮图像边缘部分，突出中间的鞋子对象，如图 9-112 所示。

图 9-112

10 选中图像，执行"位图＞三维效果＞卷页"菜单命令，打开"卷页"对话框，单击对话框左侧的按钮□，选择卷曲的角，然后在"颜色"区域指定卷曲部分和背景部分的颜色，设置"宽度"和"高度"为 30，如图 9-113 所示。设置完成后单击"确定"按钮。

11 应用滤镜为图像添加卷角效果，选择工具箱中的"矩形工具"，在处理好的图像上方单击并拖动，绘制一个矩形，并调整矩形轮廓线。最后使用"文本工具"在页面中添加文字修饰版面，完成本实例的制作，效果如图 9-114 所示。

图 9-114

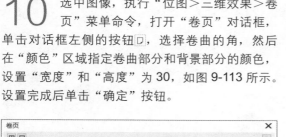

图 9-113

实例 2 **制作水墨荷花效果**

水墨画通过焦、浓、重、淡、清的墨色产生丰富的变化，给人一种柔和、湿润的感觉。本实例首先应用调整命令调整素材图像的颜色，再结合"高斯式模糊"和"散开"滤镜增强质感，将图像转换为写意水墨画效果，最终效果如图9-115所示。

图 9-115

◎ **原始文件：** 随书资源\09\素材\02.jpg
◎ **最终文件：** 随书资源\09\源文件\制作水墨荷花效果.cdr

1 执行"文件>新建"菜单命令，新建一个 A4 尺寸的纵向空白文档。执行"文件>导入"菜单命令，打开"导入"对话框，在对话框中单击选中荷花图像 02.jpg，单击"导入"按钮，如图 9-116 所示。

图 9-116

2 返回绘图窗口，在绘图页面中单击并拖动，导入图像，按下 P 键，将图像移到页面中间，如图 9-117 所示。

3 依次按快捷键 Ctrl+C、Ctrl+V，复制、粘贴图像。执行"效果>调整>取消饱和"菜单命令，去除照片颜色，将图像转换为黑白效果，如图 9-118 所示。

图 9-117   图 9-118

4 执行"效果>调整>调合曲线"菜单命令，打开"调合曲线"对话框，在对话框中的曲线右上角和左下角位置分别单击添加两个曲线控制点，然后拖动曲线控制点，更改曲线形状，如图 9-119 所示。单击"确定"按钮，应用"调合曲线"调整图像，增强对比效果，如图 9-120 所示。

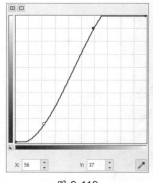

图 9-119   图 9-120

5 执行"效果>变换>反转颜色"菜单命令，如图 9-121 所示，将图像反相，得到如图 9-122 所示的效果。

图 9-121   图 9-122

6 选中图像，执行"位图>模糊>高斯式模糊"菜单命令，打开"高斯式模糊"对话框，在对话框中设置"半径"为 3 像素，如图 9-123 所示。单击"确定"按钮，应用滤镜模糊图像。

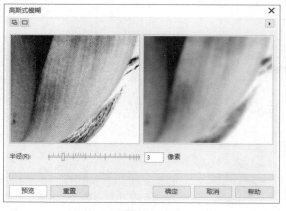

图 9-123

7 执行"位图＞创造性＞散开"菜单命令，打开"散开"对话框，在对话框中单击"链接"按钮，取消链接，分别设置"水平"值为25、"垂直"值为30，如图9-124所示。设置后单击"确定"按钮，应用滤镜效果。

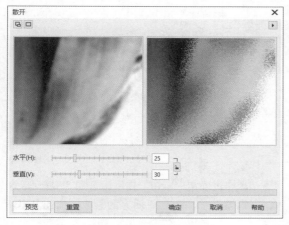

图 9-124

8 选中应用滤镜后的图像，单击工具箱中的"透明度工具"按钮，在显示的属性栏中单击"合并模式"下拉按钮，在展开的列表中选择"强光"选项，混合图像，效果如图9-125所示。

图 9-125

9 选择工具箱中的"文本工具"，在图像右上角单击并输入文字，在属性栏中单击"将文本更改为垂直方向"按钮，将文字方向更改为竖排，如图9-126所示。

10 选择工具箱中的"矩形工具"，在已输入的文字下方绘制一个矩形，并将绘制的矩形填充为红色，如图9-127所示。

图 9-126　　　　　　　　图 9-127

11 执行"位图＞转换为位图"菜单命令，将红色矩形转换为位图，再执行"位图＞创造性＞框架"菜单命令，打开"框架"对话框，在对话框中选择框架，如图9-128所示。

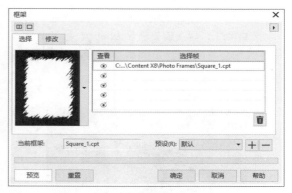

图 9-128

12 单击"确定"按钮，应用"框架"滤镜创建不规则的边框，效果如图9-129所示。

13 选择工具箱中的"文本工具"，在红色的图形上方单击并输入作者信息，同样更改文字方向为竖排，如图9-130所示，完成本实例的制作。

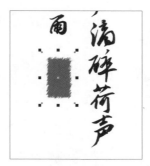
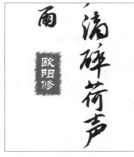

图 9-129　　　　　　　　图 9-130

实例3　为照片添加飘雪效果

不同的天气能够带给人不同的感受。本实例对导入的雪景照片进行调整，首先使用"效果"菜单中的调整命令对图像的颜色进行修饰，然后创建新图层，使用"天气"和"动态模糊"滤镜在处理好的图像中添加飘落的雪花效果，如图9-131所示。

◎ **原始文件：** 随书资源\09\素材\03.jpg
◎ **最终文件：** 随书资源\09\源文件\为照片添加飘雪效果.cdr

图 9-131

1 新建一个空白文档，执行"文件＞导入"菜单命令，导入雪景图像03.jpg。按下 P 键，将导入图像移至绘图页面居中位置，如图 9-132所示。

图 9-132

2 执行"效果＞调整＞调合曲线"菜单命令，打开"调合曲线"对话框，在曲线上单击添加一个曲线点，然后向上拖动该曲线点，如图9-133所示。

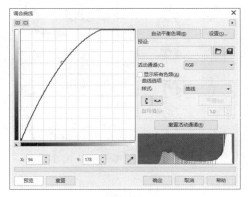
图 9-133

3 单击"确定"按钮，应用设置的"调合曲线"调整图像，得到更明亮的画面，如图 9-134所示。

图 9-134

4 执行"效果＞调整＞颜色平衡"菜单命令，打开"颜色平衡"对话框，在对话框中设置颜色通道参数值为 -10、0、35，如图 9-135 所示。

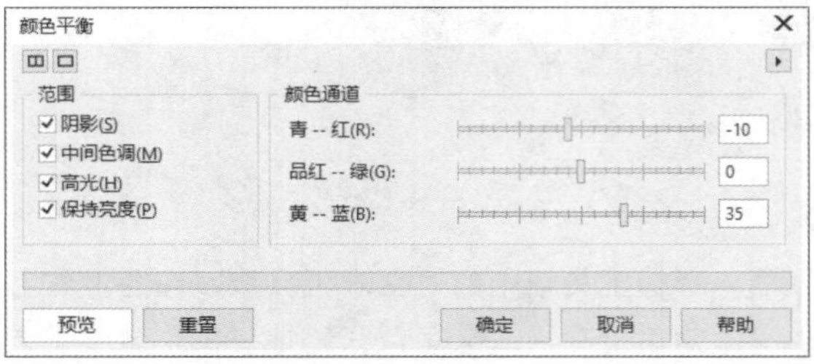

图 9-135

5 设置完成后单击"确定"按钮，应用设置调整图像，加深青色和蓝色，得到更唯美的雪景效果，如图 9-136 所示。

图 9-136

图 9-139

6 执行"窗口＞泊坞窗＞对象管理器"菜单命令，打开"对象管理器"泊坞窗，单击左下角的"新建图层"按钮，如图 9-137 所示，在"图层 1"上方新建"图层 2"图层，如图 9-138 所示。

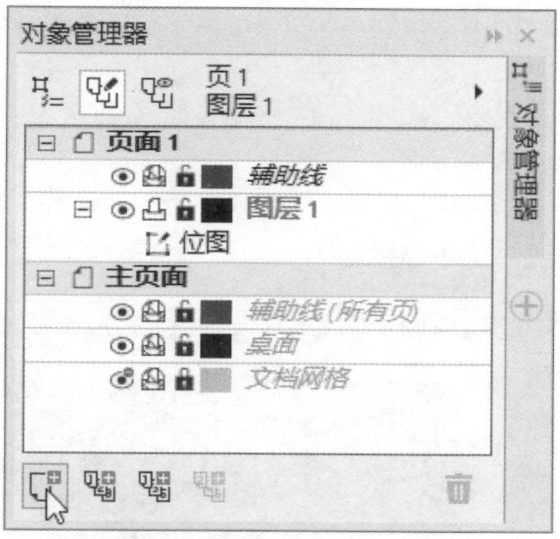

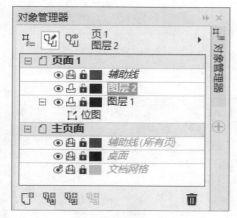

图 9-137

8 执行"位图＞转换为位图"菜单命令，打开"转换为位图"对话框，如图 9-140 所示，这里不需要修改任何选项，直接单击"确定"按钮，将矢量图形转换为位图。

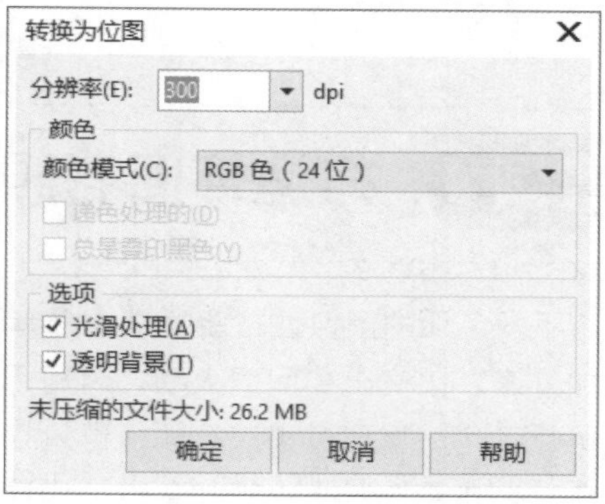

图 9-138

7 单击工具箱中的"矩形工具"按钮，绘制一个与雪景图像同等大小的矩形，并将绘制的矩形填充为黑色，如图 9-139 所示。

图 9-140

9 应用"选择工具"选中图像，执行"位图＞创造性＞天气"菜单命令，打开"天气"对话框，单击选择"雪"单选按钮，再调整"浓度"和"大小"，如图 9-141 所示，设置完成后单击"确定"按钮，为图像添加雪花效果。

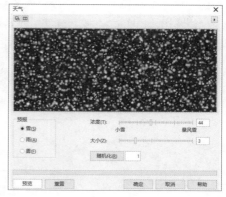

图 9-141

10 选中图像，执行"位图＞模糊＞动态模糊"菜单命令，打开"动态模糊"对话框，设置"间距"为 20，再拖动"方向"指针，设置模糊方向为 132，如图 9-142 所示，单击"确定"按钮，模糊图像。

11 单击工具箱中的"透明度工具"按钮▧，在属性栏中单击"合并模式"下拉按钮，选择"柔光"选项，混合图像，完成飘雪效果的制作，如图 9-143 所示。

图 9-142

图 9-143

<table>
<tr><td>**实例 4**</td><td>**打造怀旧老照片风格**</td></tr>
</table>

不同色调的图像往往能够带给观者不同的视觉感受。本实例首先应用"虚光"滤镜为图像添加晕影，以突出中间的人物，再利用"延时"滤镜转换照片颜色，重现过去流行的摄影风格，最后通过"添加杂点"滤镜在照片中添加杂点，增强画面颗粒感，最终效果如图 9-144 所示。

◎ **原始文件：** 随书资源\09\素材\04.jpg
◎ **最终文件：** 随书资源\09\源文件\打造怀旧老
　　　　　　　照片风格.cdr

图 9-144

---

1 创建新文档，执行"文件＞导入"菜单命令，导入素材图像 04.jpg，按下键盘中的 P 键，将导入图像放置到页面中间，如图 9-145 所示。

图 9-145

2 执行"位图＞创造性＞虚光"菜单命令，打开"虚光"对话框，设置各项参数，如图 9-146 所示。

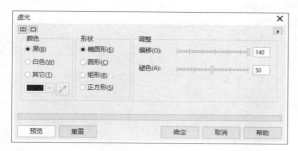

图 9-146

3 设置后单击"确定"按钮，应用"虚光"滤镜为照片添加晕影效果，如图 9-147 所示。

图 9-147

4 执行"位图＞相机＞延时"菜单命令，打开"延时"对话框，在对话框中勾选"照片边缘"复选框，单击"蛋白"缩览图，并设置"强度"为 55，如图 9-148 所示。

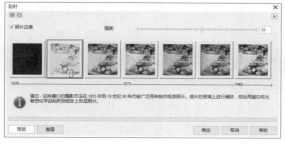

图 9-148

5 单击"确定"按钮，应用"延时"滤镜将照片转换为复古的老照片色调，如图 9-149 所示。

图 9-149

6 选中图像，执行"效果＞调整＞高反差"菜单命令，打开"高反差"对话框，为增强图像的对比效果，在右侧的色阶图上拖动色阶滑块，如图 9-150 所示。

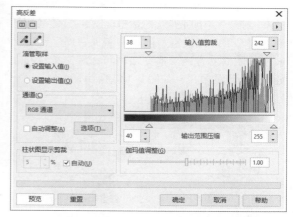

图 9-150

7 设置完成后单击"确定"按钮，应用"高反差"调整图像，效果如图 9-151 所示。

图 9-151

8 选中图像，执行"编辑＞复制"菜单命令，复制选中的图像，再执行"编辑＞粘贴"菜单命令，粘贴图像，如图 9-152 所示。

图 9-152

9 执行"位图＞杂点＞添加杂点"菜单命令，打开"添加杂点"对话框，设置"杂点类型"为"均匀"，再设置"层次"和"密度"选项，单击对话框上方的"预览之前和之后"按钮，预览添加杂点的效果，如图 9-153 所示。

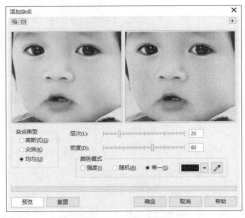

图 9-153

10 完成设置后单击"确定"按钮，在图像中添加密集的杂点效果。这里需要削弱人物图像脸上的杂点，因此单击工具箱中的"透明度工具"按钮，单击属性栏中的"渐变透明度"按钮，再单击"椭圆形渐变透明度"按钮，如图 9-154 所示。

图 9-154

11 单击选中渐变起始节点，设置"节点透明度"为 100，如图 9-155 所示。

12 单击选中渐变结束节点，设置"节点透明度"为 0，如图 9-156 所示，完成本实例的制作。

图 9-155　　　　　图 9-156

9.7 本章小结

滤镜是 CorelDRAW 中比较重要的功能之一，在创建特殊效果的图像时，经常会应用到"位图"菜单中的滤镜。本章主要讲解了 CorelDRAW 中常用的多个滤镜组，并分别对每个滤镜组中的重要滤镜进行了单独的分析和讲解，通过简单的操作让读者了解到不同滤镜的参数设置及效果差异。

9.8 | 课后练习

1．填空题

（1）"高斯式模糊"滤镜主要应用＿＿＿＿选项控制图像的模糊程度，设置＿＿＿＿越大时，得到的图像就越＿＿＿＿。

（2）使用＿＿＿＿滤镜可以在图像中模拟雨、雪、雾等特殊天气效果。

（3）"鲜明化"滤镜通过增加图像中相邻像素的＿＿＿＿、＿＿＿＿和＿＿＿＿，使图像变得更鲜明、清晰。

（4）＿＿＿＿滤镜可以使位图图像具有类似于用工艺元素拼接起来的画面效果，即将＿＿＿＿转换为传统的工艺图像。

2．问答题

（1）应用"浮雕"滤镜处理图像时，如何调整浮雕的颜色和方向？

（2）在对图像应用滤镜时，如何快速查看应用滤镜前和应用滤镜后的对比效果？

（3）使用"虚光"滤镜时，怎样更改虚光部分的颜色？

3．上机题

（1）创建新文档，导入随书资源\09\课后练习\素材\01.jpg素材文件，如图9-157所示。应用"模糊"滤镜模糊图像，制作创意写真效果，如图9-158所示。

图 9-157

图 9-158

（2）创建新文档，导入随书资源\09\课后练习\素材\02.jpg，如图9-159所示。应用"偏移"滤镜制作商场宣传单效果，如图9-160所示。

图 9-159

图 9-160

第10章 作品的输出与打印

完成图形与图像的编辑后，需要将其以不同的格式存储到指定的位置或者是将其打印出来。CorelDRAW提供了多种输出作品的方式，如输出到Office、输出为网页等，用户可以根据个人情况进行选择，如果需要打印文件，则可以调整打印选项，获得更理想的打印效果。

10.1 作品的输出

在 CorelDRAW 中完成图形与图像的编辑后，可以将其导出为多种可以在其他应用程序中使用的位图和矢量文件格式，例如，可以将文件导出为 Adobe Illustrator（AI）或 JPG 格式；也可以优化导出文件，使其可与提高办公效率的应用程序套件 Microsoft Office 配合使用，还可以导出为网页专用的 HTML 和 Web 文件。

10.1.1 导出到 Office

CorelDRAW 与 Office 应用程序，如 Microsoft Office、Corel WordPerfect Office 具有高度兼容性，用户可根据实际需求将文件导出到 Office。

打开需要导出的文件，执行"文件＞导出为＞ Office"菜单命令，打开"导出到 Office"对话框，在对话框中设置导出选项，设置后在对话框下方会显示预览效果，并在对话框左下角显示估计的文件大小，如图 10-1 所示。单击"确定"按钮，打开"另存为"对话框，选择保存文件的文件名、保存类型等选项，如图 10-2 所示。单击"保存"按钮，即可根据设置导出文件，导出后的效果如图 10-3 所示。

图 10-1　　　　　　　　　　　　　图 10-2

图 10-3

📖 **知识补充**

"导出到Office"对话框中的"优化"下拉列表提供了3种优化文件的方式。选择"演示文稿"方式，可以优化输出文件以应用于幻灯片或在线文档（96 dpi），适用于计算机屏幕演示；选择"桌面打印"方式，可以保持用于桌面打印的良好图像质量（150 dpi），适用于一般文档打印；选择"商业印刷"方式，可以优化文件以用于高质量打印（300 dpi），适用于书刊出版。

10.1.2　导出为 Web 文件

除了可以将文件导出到 Office，还可以将文件导出为用于 Web 的位图。在导出为 Web 文件时，可以选择导出整个文档，也可以选择页面中的部分图像进行优化设置，自定义图像的质量，以减少文件的大小，提高图像在网络中的加载速度。

打开设计的网页文档，执行"文件＞导出为＞ Web"命令，打开"导出到网页"对话框，在"格式"下拉列表中选择一种输出格式，然后指定导出的颜色显示选项和大小等，如图 10-4 所示。设置完成后单击"另存为"按钮，打开"另存为"对话框，在对话框中设置导出文件的存储位置、文件名及保存类型，如图 10-5 所示。设置后单击"保存"按钮，即可导出优化的网络图像，效果如图 10-6 所示。

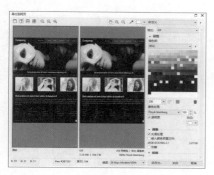

图 10-4

图 10-5

图 10-6

> **知识补充**
>
> 在"导出到网页"对话框右下角的"速度"下拉列表中可以选择图像所应用网络的传输速度，并在优化图左下角可以查看该图像优化后所需要的下载时间。

10.1.3　导出为 HTML 文件

将 CorelDRAW 文件和对象发布为 HTML 文件后，可以在 HTML 编写软件中使用导出的 HTML 代码和图像来创建 Web 站点或网页。

在 CorelDRAW 中打开需要导出为 HTML 的文件，如图 10-7 所示。执行"文件＞导出为＞ HTML"菜单命令，打开"导出到 HTML"对话框，如图 10-8 所示。对话框中包含"常规""细节""图像""高级""总结"等选项卡，单击不同的选项卡对导出选项加以设置，设置后单击对话框左下角的"浏览器预览"按钮，在浏览器中预览效果，如图 10-9 所示。

图 10-7

图 10-8

图 10-9

10.1.4　发布为 PDF 文件

在 CorelDRAW 中可以将文档发布为 PDF 文件，将文档发布为 PDF 时，可以保留原始文档的字体、图像、图形及格式等属性。如果用户在计算机上安装了 Adobe Acrobat Reader 等 PDF 阅读器，就可以查看和打印 PDF 文件。

选择需要导出为 PDF 的文件，执行"文件＞发布为 PDF"菜单命令，或者单击标准工具栏上的"发布为 PDF"按钮，打开"发布至 PDF"对话框，如图 10-10 所示。在对话框中设置存储路径及文件名，并在"PDF 预设"下拉列表中选择文件的发布方式，选择后单击"设置"按钮，打开"PDF 设置"对话框，如图 10-11 所示，在对话框中设置更多的 PDF 选项，设置完成后单击"确定"按钮，返回"发布至 PDF"对话框，在对话框中单击"保存"按钮，完成文件发布工作。打开存储 PDF 的文件夹，即可找到新创建的 PDF 文件，如图 10-12 所示。

图 10-10

图 10-11

图 10-12

10.2　文件的打印

在 CorelDRAW 中将设计好的作品打印或印刷出来后，整个设计制作过程才算彻底完成。打印输出文件前，需要进行打印选项设置、文件的预览打印等，本节将对这些内容进行讲解。

10.2.1　打印选项设置

CorelDRAW 提供了详细的打印选项，并且能够即时预览打印效果，以提高打印效果的准确性。用户可以选择按标准模式打印，或者指定文件中的某种颜色进行分色打印，也可以将文件打印为黑白或单色效果。

1　设置"常规"打印选项

执行"文件＞打印"菜单命令，或者单击标准工具栏上的"打印"按钮，打开"打印"对话框，在对话框中有"常规""颜色""复合"等多个选项卡，用于设置不同的打印选项。默认情况下选中"常规"选项卡，如图 10-13 所示，在此选项卡中可以对"打印范围""份数"及"打印类型"等参数进行设置，并且可以保存设置，用于其他文件的打印。

图 10-13

在打印文件前，如果想要预览作品效果，可以单击对话框左下角的"最小预览"按钮▶，打开预览窗口，快速预览打印效果，如图 10-14 所示。也可以单击"打印预览"按钮，进入预览模式，预览打印效果。

图 10-14

2 设置"颜色"选项

如果需要对打印机的颜色进行设置，则需要应用"颜色"选项卡。在此选项卡中，用户可以根据需要选择合适的颜色打印方式，并且可对输出的颜色模式进行选择。单击"颜色"标签，切换到"颜色"选项卡，如图 10-15 所示，这里选择了"分色打印"方式。

图 10-15

3 设置"分色/复合"选项

在"颜色"选项卡中选中"分色打印"单选按钮时，在"打印"对话框上方将显示"分色"标签。单击此标签，将切换到"分色"选项卡，如图 10-16 所示，在此选项卡中可以进行颜色补漏和叠印设置，在对象边缘补充颜色打印，使分色打印时没有对齐的地方变得不明显。

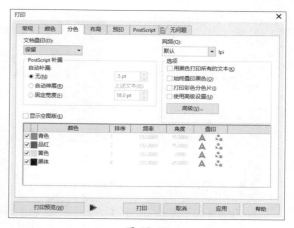

图 10-16

如果在"颜色"选项卡中选中"复合打印"单选按钮，则在"打印"对话框上方会显示"复合"标签。单击"复合"标签，切换到"复合"选项卡，如图 10-17 所示，此时可以看到选项卡下方的分色复选框显示为灰色不可用状态。

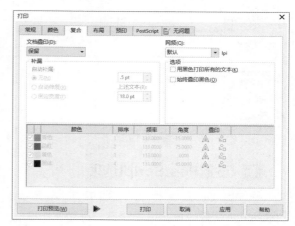

图 10-17

4 设置"布局"选项

"打印"对话框中的"布局"选项卡通过指定大小、位置和比例，设计打印作业的版面。单击"布局"标签，即可切换到"布局"选项卡，在此选项卡中的"图像位置和大小"区域可以重新指定要打印文件的位置，勾选下方的"出血限制"复选框，将启用并设置出血效果，设置后单击"最小预览"按钮，即可看到调整后的布局效果，如图 10-18 所示。

图 10-18

5 设置"预印"选项

单击"预印"标签，切换到"预印"选项卡，如图 10-19 所示。在"预印"选项卡中可以设置纸片/胶片、文件信息、裁剪/折叠标记、注册标记、调校栏及位图缩减取样等。

图 10-19

6 设置PostScript选项

PostScript 是一种将打印指令发送到 PostScript 设备的页面描述语言。打印作业中的所有元素都是由一行行的 PostScript 代码来表示的。在"打印"对话框中单击"PostScript"标签，切换到"PostScript"选项卡，如图 10-20 所示。

图 10-20

7 印前检查设置

打印作品前，可以查看打印作业的问题摘要，以便发现潜在的打印问题。单击"印前检查"标签，切换到"印前检查"选项卡，如果文件中没有出现任何打印作业问题，标签名称会显示为"无问题"，如图 10-21 所示。

图 10-21

如果有问题，标签名称会显示找到的问题数量，并在下方显示具体的打印问题及解决问题的建议，如图 10-22 所示。如果不希望通过印前检查排除某些问题，单击对话框右上方的"设置"按钮，打开"印前检查设置"对话框，双击展开"打印"列表，然后取消勾选希望忽略的问题所对应的复选框即可，如图 10-23 所示。

图 10-22

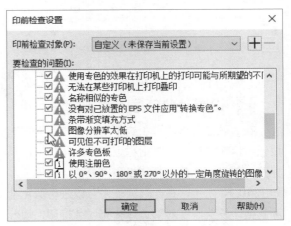

图 10-23

10.2.2 打印预览

在 CorelDRAW 中可以通过"打印预览"预先浏览文件的打印效果，用户还可以在预览模式下调整文件的大小、文件内容在纸张中的位置及颜色模式等。

1 设置文件大小

在预览模式中，可以调整页面和对象的大小。执行"文件＞打印预览"菜单命令，进入预览模式，单击"选择工具"按钮 ⬚，如图 10-24所示。然后在页面中单击并拖动即可移动图形，如图 10-25 所示。

图 10-24　　　　　　　　　图 10-25

如果需要缩放页面中的对象，则先单击图形对象，然后移动鼠标指针至对象四周的控制点上，此时鼠标指针会变为双向箭头 ↗，如图 10-26 所示，单击并拖动即可调整对象在页面上的大小，如图 10-27 所示。

图 10-26　　　　　　　　　图 10-27

2 版面布局

在预览模式中可以调整版面的方向。单击工具箱中的"版面布局工具"按钮 ⬚，页面效果如图 10-28 所示，单击页面后效果如图 10-29 所示。

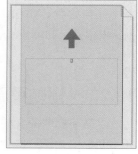

图 10-28　　　　　　　　　图 10-29

移动鼠标指针至红色箭头上，当鼠标指针变为 ↻ 形时单击，页面将会旋转 180°，如图 10-30 所示。单击"选择工具"按钮，即可查看旋转后的页面效果，如图 10-31 所示。可以再次在红色箭头位置单击，将旋转后的页面还原。

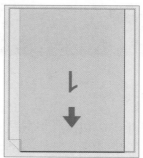

图 10-30　　　　　　　　　图 10-31

3 以不同比例预览文件

在预览模式中，可应用"缩放工具"放大和缩小预览打印页面，也可在属性栏上从缩放列表中选择缩放比例和显示方式。如图 10-32和图 10-33 所示分别为放大和缩小显示的效果。

图 10-32　　　　　　　　　图 10-33

4 分色预览

分色预览用于设置图像以其他颜色进行显示。选择要预览的对象，单击工具栏中的"分色"按钮 ，再单击窗口底部的分色标签，可以查看各个分色效果。如图 10-34 和图 10-35 所示分别为单击青色和黄色标签时显示的预览效果。

图 10-34   图 10-35

10.2.3 拼贴页面的打印设置

当需要打印的文件较大时，通常会应用拼贴页面打印。打开需要拼贴页面的打印文件，如图 10-36 所示。执行"文件>打印"菜单命令，打开"打印"对话框，在"常规"选项卡中设置打印范围、份数和其他基本打印参数，如图 10-37 所示。

图 10-36   图 10-37

设置后单击"布局"标签，切换到"布局"选项卡，在选项卡中勾选"打印平铺页面"复选框和"平铺标记"复选框，如图 10-38 所示，此时即可打印多个拼贴页面，并打印拼接标记，以便将打印出来的多个页面拼贴成完整的作品。若要查看打印效果，单击左下角的"打印预览"按钮，进入打印预览模式，如图 10-39 所示为用 4 张 A4 纸拼贴的打印预览效果。

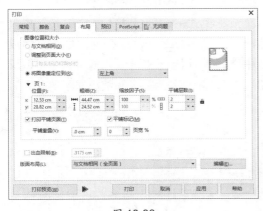

图 10-38   图 10-39

10.2.4　合并打印

应用 CorelDRAW 中的"合并打印"功能可以将来自数据源的文本与当前绘图文档合并，并打印输出。在日常工作中常常需要打印一些格式相同而内容不同的文件，如信封、名片、明信片、请柬等，如果逐一进行编辑打印，数量大时操作会非常繁琐，这时就可以应用"合并打印"功能快速打印文件。

选择要打印的文件，执行"文件＞合并打印＞创建 / 载入合并打印"菜单命令，打开"合并打印向导"对话框，选中"创建新文本"单选按钮，然后单击"下一步"按钮，如图 10-40 所示。进入"添加域"页面，用于设置要创建的文本域和数字域，如图 10-41 所示，单击"添加"按钮，添加域名，然后单击"下一步"按钮。

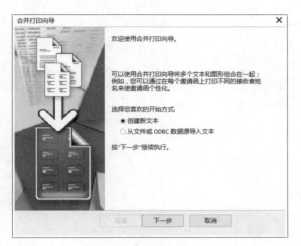

图 10-40

图 10-41

进入"添加或编辑记录"页面，在页面中可以添加、删除或编辑记录中的数据，如图 10-42 所示。设置后单击"下一步"按钮，返回"合并打印向导"对话框，如图 10-43 所示，确认是否保存数据设置，如果确认数据无误，单击"完成"按钮，即可完成设置。

此时在窗口中会显示"合并打印"工具栏，单击工具栏中的"插入合并打印字段"按钮，添加需要打印的多个对象，并适当调整字段位置。然后单击工具栏中的"执行合并打印"按钮执行合并打印工作，弹出"打印"对话框，如图 10-44 所示。在对话框中设置更多打印选项，单击"打印"按钮，即可进行合并打印。

图 10-42

图 10-43

图 10-44

10.3 本章小结

打印和输出可以让更多的人欣赏到作品。本章围绕文件的打印与输出进行了详细的讲解，通过以不同的方式输出作品和设置详细的打印选项，使作品得到更好的展示。读者通过本章的学习，能够根据实际需求选择一种适合当前作品的输出方式。

10.4 课后练习

1. 填空题

（1）在CorelDRAW中可以将文件导出为_____、_____和_____。

（2）导入的_____可以按照CorelDRAW中普通文本的编辑方式来进行_____。比如，可以进行修改_____，使用"使文本适合路径"等操作。

（3）选择"复合打印"方式进行文件打印操作时，会在"打印"对话框中显示_____选项卡；选择"分色打印"方式进行文件打印操作时，会在"打印"对话框中显示_____选项卡。

2. 问答题

（1）如何将文件导出为多种不同的格式？

（2）打印与印刷有什么区别？

（3）如何快速启动打印预览功能，预览文件打印的效果？

3. 上机题

（1）打开随书资源\10\课后练习\素材\01.cdr素材文件，如图10-45所示，通过导出的方式，将制作的文档页面导出为Web文件。

（2）打开随书资源\10\课后练习\素材\02.cdr素材文件，设置多张A4纸拼贴打印效果，如图10-46所示。

图 10-45

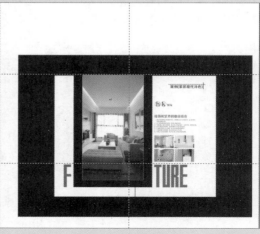

图 10-46

前面的10章已经详细地介绍了CorelDRAW软件的操作方法。本章讲解如何应用CorelDRAW完成企业VI系统应用设计和活动招贴设计，读者通过学习，不仅可以巩固前面所学的知识，还可以对CorelDRAW有更深层次的综合性认识。

11.1　VI 办公系统应用设计

VI 设计，全称为"视觉形象识别系统设计"，分为企业形象设计和品牌形象设计。VI 设计是企业树立品牌必须要做的基础工作。它使企业的形象高度统一，使企业的视觉传播资源得到充分利用，达到最理想的品牌传播效果。VI 是以标志、标准字、标准色为核心展开的完整的、系统的视觉表达体系。本实例将运用 CorelDRAW 软件为某科技公司设计品牌徽标（Logo），然后将绘制的徽标图形应用到名片、信笺、文件袋等一系列办公用品中，效果如图 11-1 所示。

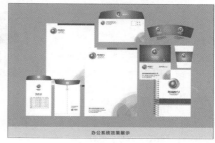

图 11-1

◎　**原始文件：**随书资源\11\素材\01.ai、02.ai
◎　**最终文件：**随书资源\11\源文件\VI办公系统应用设计.cdr

11.1.1　徽标设计

企业徽标是一种造型简单、意义明确、标准的视觉符号。在 VI 系统中，徽标占有举足轻重的地位，是企业形象、特征、信誉和文化的浓缩。本小节将根据企业文化的特征，结合"钢笔工具"和"交互式填充工具"绘制科技公司的徽标。

1 执行"文件＞新建"菜单命令，新建一个纵向的空白文档，单击工具箱中的"钢笔工具"按钮⬒，在页面中绘制一个不规则图形，如图 11-2 所示。

2 单击工具箱中的"交互式填充工具"按钮⬒，在属性栏中单击"渐变填充"按钮⬛，然后单击"椭圆形渐变填充"按钮⬛，为图形填充默认的黑白渐变效果，如图 11-3 所示。

3 单击渐变终止节点，打开颜色挑选器，设置颜色值为 C100、M10、Y0、K0，更改渐变填充效果，如图 11-4 所示。

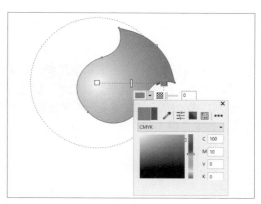

图 11-4

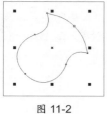

图 11-2　　　　图 11-3

4 将鼠标指针移至渐变控制条中间位置，单击鼠标，在 78% 的位置添加一个渐变节点，如图 11-5 所示。

5 单击选中添加的渐变节点，打开颜色挑选器，设置节点颜色值为 C50、M0、Y0、K0，如图 11-6 所示。

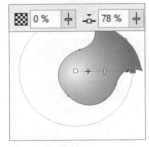
图 11-5

图 11-6

6 运用鼠标在渐变控制条上单击，在 45% 位置添加一个渐变节点，设置节点颜色值为 C100、M60、Y0、K0，如图 11-7 所示。

7 运用鼠标在渐变控制条上单击，在 29% 位置添加一个渐变节点，设置节点颜色值为 C40、M0、Y0、K0，如图 11-8 所示。

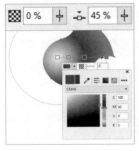
图 11-7

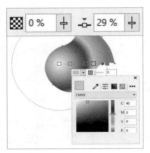
图 11-8

8 选择"钢笔工具"，在图形上方再绘制一个弯曲的图形，如图 11-9 所示。

9 选择工具箱中的"交互式填充工具"，单击属性栏中的"均匀填充"按钮■，设置填充颜色值为 C40、M0、Y0、K0，填充图形，去除轮廓线，效果如图 11-10 所示。

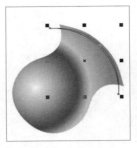
图 11-9   图 11-10

10 结合工具箱中的"贝塞尔工具"和"形状工具"，在绘制好的图形上绘制另一个不规则图形，如图 11-11 所示。

11 打开"默认 CMYK 调色板"，单击调色板中的"天蓝"色标，如图 11-12 所示。

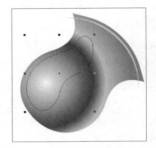
图 11-11

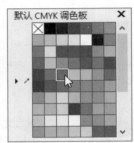
图 11-12

12 应用天蓝色填充图形，填充效果如图 11-13 所示。应用"选择工具"选中图形，在属性栏中设置"轮廓宽度"为"无"，去除轮廓线，如图 11-14 所示。

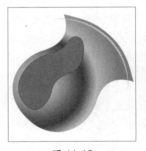
图 11-13

图 11-14

13 单击工具箱中的"透明度工具"按钮▧，单击属性栏中的"渐变透明度"按钮▨，设置"旋转"值为 -141°，效果如图 11-15 所示。

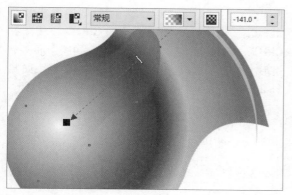

图 11-15

制作，效果如图 11-20 所示。再应用"选择工具"
框选所有图形，按下快捷键 Ctrl+G，群组图形，
如图 11-21 所示。

图 11-20　　　　　图 11-21

14 结合工具箱中的"贝塞尔工具"和"形状工具"，在页面中绘制另一个不规则图形，如图 11-16 所示。

15 打开"默认 CMYK 调色板"，单击调色板中的"20% 黑"色标，如图 11-17 所示。

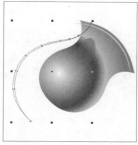　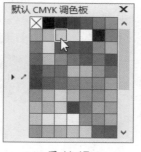

图 11-16　　　　　图 11-17

18 选择工具箱中的"矩形工具"，在绘制好的徽标图形下方绘制四个同等大小的正方形，并填充上不同的颜色，用于配色展示，如图 11-22 所示。

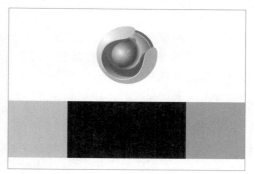

图 11-22

16 应用单击的色标颜色填充图形，填充效果如图 11-18 所示。单击工具箱中的"轮廓笔"按钮，在展开的工具栏中选择"无轮廓"选项，去除轮廓线，如图 11-19 所示。

19 选择徽标图形，将其复制一份并移到第一个灰色矩形中间，将鼠标指针移到图形右下角的控制手柄上，单击并向内侧拖动，缩小图形，如图 11-23 所示。

20 应用"选择工具"同时选中灰色正方形和徽标，执行"对象＞对齐和分布＞水平居中对齐"菜单命令，对齐图形，如图 11-24 所示。

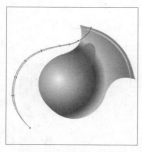

图 11-18　　　　　图 11-19

17 使用相同的方法，继续绘制更多的图形并填充上合适的颜色，完成徽标图形的

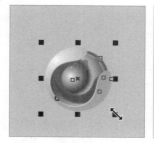　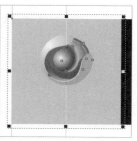

图 11-23　　　　　图 11-24

21 选择工具箱中的"文本工具"，在徽标图形下方输入公司信息，输入后在"文本属性"泊坞窗中对文本属性加以调整，得到如图 11-25 所示的效果。

22 应用"选择工具"同时选中徽标和文本对象，按下快捷键 Ctrl+C 和快捷键 Ctrl+V，复制多个徽标和文本对象。再将中间两个矩形上的文字更改为白色，完成徽标设计，如图 11-26 所示。

图 11-25

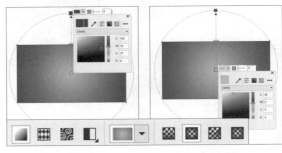

图 11-26

11.1.2 名片设计

名片是一种重要的信息传达工具，而企业名片与普通职员名片有所不同，企业名片追求简单、大方，并且要与整个 VI 系统形成统一的视觉形象。本小节先应用"矩形工具"绘制图形，定义名片基色，然后创建 PowerClip，在图形中叠加花纹，增强名片质感，最后通过复制、粘贴的方法添加徽标图形，完成名片的设计。

1 单击绘图窗口下方的"添加页面"按钮图，创建"页面 2"。选择工具箱中的"矩形工具"，在新建的页面中单击并拖动，绘制一个矩形图形，如图 11-27 所示。

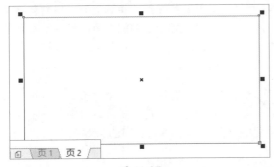

图 11-27

2 选择"交互式填充工具"，单击属性栏中的"渐变填充"按钮，再单击"椭圆形渐变填充"按钮，在矩形图形上拖动，填充渐变。单击选中渐变终止节点，设置节点颜色值为 C100、M76、Y27、K0，如图 11-28 所示。单击选中渐变起始节点，设置节点颜色值为 C46、M0、Y0、K0，如图 11-29 所示。

图 11-28   图 11-29

3 选中图形，在属性栏中设置"轮廓宽度"为"无"，去除轮廓线，如图 11-30 所示。

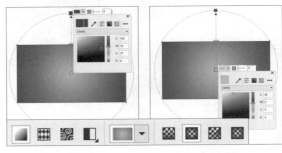

图 11-30

4 执行"文件＞导入"菜单命令，导入花纹图形 01.ai，将图形放大填满整个蓝色矩形，如图 11-31 所示。

5 选取工具箱中的"透明度工具"，在属性栏中单击"均匀透明度"按钮，设置"合并模式"为"屏幕"、"透明度"为 85，创建透明效果，将花纹叠加于矩形上方，如图 11-32 所示。

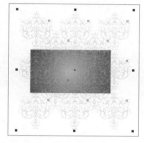
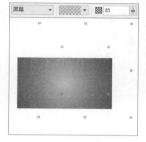

图 11-31 图 11-32

6 将花纹图形移到蓝色矩形旁边，执行"对象＞ PowerClip ＞置于图文框内部"菜单命令，将鼠标指针移至矩形中，如图 11-33 所示。

图 11-33

7 单击鼠标，即可将花纹置入到矩形内部。再执行"对象＞ PowerClip ＞编辑 PowerClip"菜单命令，编辑图文框中的花纹图形，将其移回矩形中间，完成后单击浮动工具栏中的"停止编辑内容"按钮，得到如图 11-34 所示的效果。

图 11-34

8 返回"页 1"，应用"选择工具"选取徽标和下方的文本对象，按下快捷键 Ctrl+C 复制选中对象，再回到"页 2"，按下快捷键 Ctrl+V 粘贴对象，在名片中间添加上徽标效果，如图 11-35 所示。

图 11-35

9 单击工具箱中的"文本工具"按钮，在文本对象下方输入文字"科技时代用心改变未来"，输入后在属性栏中更改文字字体和大小，并更改文本颜色为白色，如图 11-36 所示。

图 11-36

10 选择"矩形工具"，在蓝色矩形下方再绘制一个同等大小的矩形，并在颜色挑选器中设置颜色值为 C3、M4、Y7、K0，填充图形，如图 11-37 所示。

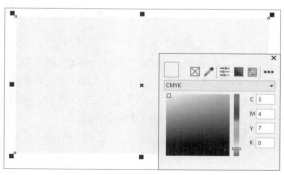

图 11-37

11 选择并复制徽标图形，将图形移至浅色矩形右下角，并缩放到合适的大小，如图 11-38 所示。

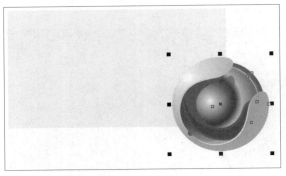

图 11-38

12 选取"透明度工具"，在属性栏中单击"均匀透明度"按钮▣，设置"透明度"为 73，创建透明效果，如图 11-39 所示。

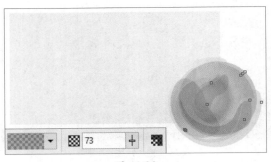

图 11-39

13 执行"对象＞PowerClip＞置于图文框内部"菜单命令，将鼠标指针移至矩形中间，单击鼠标，将徽标图形置入到矩形内部，如图 11-40 所示。

图 11-40

14 选择工具箱中的"文本工具"，在名片中间输入相关的信息，并结合"文本属性"面板，调整所输入文字的大小、字体等，得到如图 11-41 所示的效果。

HUANYU
Since and technology
change our future
科技时代 用心改变生活

赵兴语 项目经理

深圳华御科技有限责任公司
地址：深圳龙岗区天华西路155号3幢302室
E-mail:12345666@qq.com
VIP:0575/85066666

图 11-41

11.1.3 信笺设计

一家公司为了树立和维护企业形象，通常会使用统一格式的信笺、便笺和留言条等，这也是 VI 应用系统的重要组成要素之一。本小节将上一小节绘制的徽标图形添加到新的页面中，应用"矩形工具"在页面中绘制与徽标颜色相近的矩形图形，制作具有企业徽标的统一信笺。

1 创建"页面 3"，应用"矩形工具"绘制一个矩形图形，右击"默认 CMYK 调色板"中的"20% 黑"色标，如图 11-42 所示，将图形轮廓线设置为浅灰色，再单击"白"色标，将图形填充为白色，效果如图 11-43 所示。

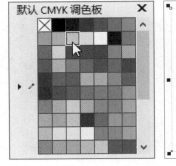

图 11-42

图 11-43

2 选择"页面 2"中绘制的徽标图形，将其复制到新绘制的矩形左上角和右下角，如图 11-44 所示。

3 应用"选择工具"选中右下角的徽标图形，执行"对象＞PowerClip＞置于图文框内部"菜单命令，将鼠标指针移至白色矩形中间，单击鼠标，将徽标图形置入到矩形内部，如图 11-45 所示。

图 11-44

图 11-45

4 选择"矩形工具"，在白色矩形顶部绘制一个矩形，打开颜色挑选器，设置颜色值为 C40、M0、Y91、K0，如图 11-46 所示。应用设置的颜色填充图形，填充后的效果如图 11-47 所示。

图 11-46

图 11-47

5 选中图形，在属性栏中设置"轮廓宽度"为"无"，去除轮廓线。复制 3 个矩形，并根据需要为图形填充上不同的颜色，调整图形位置，得到并排的矩形效果，如图 11-48 所示。

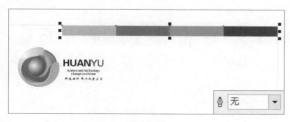

图 11-48

6 选中"文本工具"，在白色矩形左下角单击并输入公司名称、地址及联系电话等，调整文字的大小，突显主次关系，如图 11-49 所示。

图 11-49

7 应用"选择工具"框选制作好的信笺对象，执行"编辑＞复制"菜单命令，复制对象，再执行"编辑＞粘贴"菜单命令，粘贴复制的对象，然后将对象移至页面右侧，得到如图 11-50 所示的效果。

图 11-50

8 接下来对复制的信笺对象进行进一步编辑。应用"选择工具"选中 PowerClip 对象，执行"对象＞PowerClip＞编辑 PowerClip"菜单命令，选中右下角的徽标图形，如图 11-51 所示。执行"位图＞转换为位图"菜单命令，在打开的对话框中设置"颜色模式"为"CMYK 色（32 位）"，如图 11-52 所示。单击"确定"按钮，将矢量图形转换为位图。

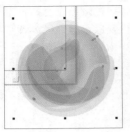
图 11-51

图 11-52

9 执行"效果＞调整＞取消饱和"菜单命令，将位图图像转换为黑白效果，如图 11-53 所示。

10 执行"对象＞ PowerClip ＞结束编辑"菜单命令，结束图文框中图像的编辑操作，效果如图 11-54 所示。

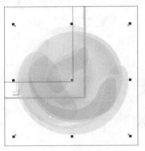
图 11-53

图 11-54

11 应用"选择工具"选中页面上 4 个不同颜色的矩形，然后将它们移到页面底部，如图 11-55 所示。

图 11-55

12 同时选中 4 个矩形图形，将鼠标指针移到编辑框左侧的中点位置，当鼠标指针变为双向箭头↔时，单击并向左拖动，调整图形宽度，使其与下方的白色矩形等宽，如图 11-56 所示。

图 11-56

13 应用"选择工具"选中深蓝色的矩形，将其复制到页面右上角，如图 11-57 所示。

14 将鼠标指针移到编辑框左侧，当鼠标指针变为双向箭头↔时，单击并向左侧拖动，拉伸图形。再选择"交互式填充工具"，单击属性栏中的"填充色"，在打开的颜色挑选器中重新设置填充颜色，如图 11-58 所示。

图 11-57

图 11-58

11.1.4　信封设计

信封是邮寄信笺时必需的办公用品，在企业中为了达到更统一的效果，都会使用专用的信封。本小节中先用"钢笔工具"绘制出信封的封口图形，并为其填充统一的蓝色渐变，再将制作好的徽标图形复制到信封中，分别添加到合适的位置。

1 新建"页面4"，选择工具箱中的"钢笔工具"，在页面中绘制信封封口边形状，如图11-59 所示。

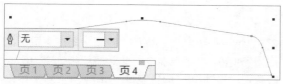

图 11-59

2 选择工具箱中的"交互式填充工具"，单击属性栏中的"渐变填充"按钮▣，再单击"椭圆形渐变填充"按钮▣，在图形上拖动，创建渐变填充，分别设置渐变起始和终止节点颜色为 C46、M0、Y0、K6 和 C100、M76、Y27、K0，填充效果如图 11-60 所示。

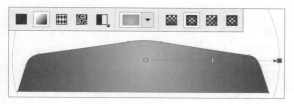

图 11-60

3 单击属性栏中的"轮廓宽度"下拉按钮，在展开的列表中选择"无"选项，去除轮廓线，如图 11-61 所示。

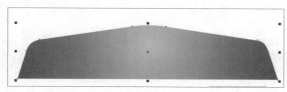

图 11-61

4 复制前面绘制的徽标图形和文字，粘贴到图形中间，并根据情况调整徽标和文字的大小、排列方式，得到如图 11-62 所示的效果。

图 11-62

5 选中徽标和文本对象，单击属性栏中的"垂直镜像"按钮▣，垂直翻转对象，效果如图11-63 所示。

图 11-63

6 选择工具箱中的"矩形工具"，在封口下方绘制一个矩形图形，并将矩形填充为白色，再右击"默认 CMYK 调色板"中的"40% 黑"色标，设置轮廓线颜色为灰色，如图 11-64 所示。

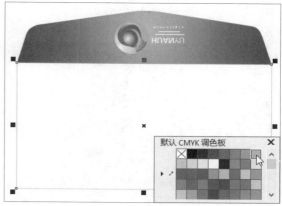

图 11-64

7 选择并复制徽标和企业名片文本，将其粘贴到信封的正面，选用"矩形工具"在信封右上角绘制两个矩形，输入文字，确定粘贴邮票的位置，完成信封的制作，效果如图 11-65 所示。

图 11-65

11.1.5 其他办公用品设计

除了前面讲解到的几种办公用品，整个企业的办公系统还包含文件袋、笔记本、记事本等物品。本小节将继续应用"矩形工具""椭圆形工具"在页面中绘制图形，设计出 VI 系统中的文件袋、笔记本等，再用一个单独的页面展示应用效果。

1 新建"页面5"，执行"文件＞导入"菜单命令，导入笔记本素材 02.ai，如图 11-66 所示。

2 选择"矩形工具"，绘制一个同笔记本素材页面等宽的矩形，设置填充颜色为 C100、M43、Y11、K0，并去除轮廓线，如图 11-67 所示。

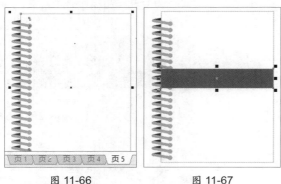

图 11-66   图 11-67

3 复制 3 个矩形图形，分别将填充颜色设置为 C82、M34、Y65、K0，C40、M0、Y90、K0，C68、M13、Y2、K0，如图 11-68 所示。

4 选中复制的 3 个矩形图形，将鼠标指针移至编辑框上、下两侧中点位置，当鼠标指针变为双向箭头↕时，单击并向内侧拖动，调整矩形高度。调整后同时选中 4 个矩形，执行"对象＞对齐和分布＞左对齐"菜单命令，对齐图形，并调整图形位置，按下快捷键 Ctrl+G，群组图形，效果如图 11-69 所示。

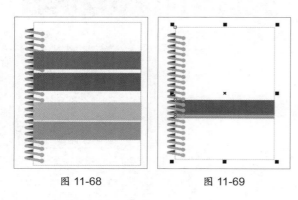

图 11-68   图 11-69

5 选中群组对象，执行"对象＞顺序＞置于此对象后"菜单命令，此时鼠标指针变为实心箭头▶，移动鼠标指针至笔记本线圈位置，如图 11-70 所示。单击鼠标即可将矩形置于线圈下方，效果如图 11-71 所示。

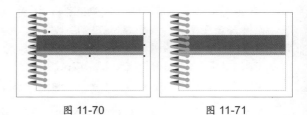

图 11-70   图 11-71

6 将前面绘制的徽标图形复制到笔记本图形中间，如图 11-72 所示。调整徽标图形至合适的大小，然后选中白色的矩形背景和徽标图形，执行"对象＞对齐＞水平居中对齐"菜单命令，对齐选中的对象，完成笔记本的制作，如图 11-73 所示。

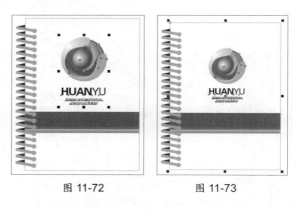

图 11-72   图 11-73

7 接下来是文件袋的制作。选择工具箱中的"钢笔工具"，绘制文件袋的封口形状，如图 11-74 所示。

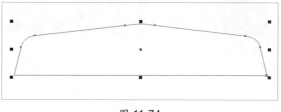

图 11-74

8 选择工具箱中的"交互式填充工具"，单击属性栏中的"渐变填充"按钮，再单击"椭圆形渐变填充"按钮，为图形填充椭圆形渐变，接着设置渐变颜色依次为 C46、M0、Y0、K6，C100、M76、Y27、K0，填充效果如图 11-75 所示。

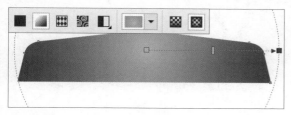

图 11-75

9 选择工具箱中的"椭圆形工具"，按住 Ctrl 键不放，在封口中间位置绘制一个正圆图形，设置填充颜色为 C3、M4、Y7、K0，"轮廓宽度"为"细线"，如图 11-76 所示。

10 应用"椭圆形工具"在灰色圆形中再绘制一个正圆形，选择"交互式填充工具"，为图形填充"椭圆形渐变"，设置渐变颜色依次为 30% 黑、60% 黑、20% 黑、30% 黑、40% 黑、80% 黑，填充后的效果如图 11-77 所示。

图 11-76   图 11-77

11 选择工具箱中的"贝塞尔工具"，在圆形上方绘制一条曲线，在属性栏中设置"轮廓宽度"为 0.367 mm，并更改轮廓线颜色为"50% 黑"，如图 11-78 所示。

12 选择"矩形工具"，在封口图形下方绘制一个白色的矩形，并设置矩形轮廓线颜色为"50% 黑"，如图 11-79 所示。

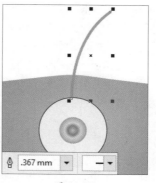 

图 11-78   图 11-79

13 单击工具箱中的"表格工具"按钮，在矩形中间位置单击并拖动，绘制表格，在属性栏中设置表格行数和列数为 12 和 8，表格背景颜色为白色，如图 11-80 所示。

14 将鼠标指针移至表格线上，当鼠标指针变为双向箭头 ↔ 时，单击并拖动，调整表格中单元格的大小，如图 11-81 所示。

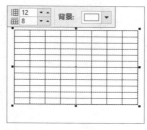 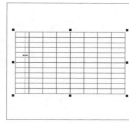

图 11-80   图 11-81

15 使用相同方法完成更多单元格的调整，然后选中表格最后一行单元格，执行"表格>合并单元格"命令，合并单元格，效果如图 11-82 所示。

16 选择"透明度工具"，单击属性栏中的"均匀透明度"按钮，设置"透明度"为 50，提高表格透明度，如图 11-83 所示。

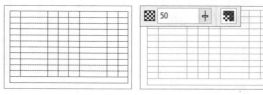

图 11-82   图 11-83

17 应用"文本工具"在表格中输入文字信息，再将徽标图形复制到文件袋中间位置，完成文件袋正面的设计。应用同样的方法绘制出文件袋背面、杯子等办公用品。最后创建"页面 6"，将这些制作好的办公用品全部复制到页面中，进行系统、全面的展示，效果如图 11-84 所示。

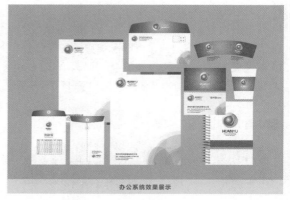

图 11-84

11.2 活动招贴设计

招贴又名"海报"，分布于展览、商业闹市区、车站、公园等公共场所，是一种"瞬间"的街头艺术。招贴是比较大众化的一种广告艺术，除了给人以美的享受外，更重要的是向观者传达信息和理念。与报纸和杂志上的广告相比，招贴的幅面相对较大，更加醒目，能吸引人们的注意力。本实例是为天猫"双11"购物狂欢节设计的活动招贴，效果如图 11-85 所示。此招贴用明亮的橙色为主色，搭配突出主题的文字信息，表现超强的优惠力度，激发观者的购买欲望。

◎ **原始文件：** 随书资源\11\素材\03.ai、04.ai
◎ **最终文件：** 随书资源\11\源文件\活动招贴
设计.cdr

图 11-85

11.2.1 绘制背景图

招贴设计需要一个漂亮的背景图，本小节先应用"矩形工具"绘制橙色的矩形，确定背景基调，再应用"钢笔工具""贝塞尔工具"绘制不同形状的图形，通过再制的方式创建更为丰富的图形效果。

1 创建新文档，单击工具箱中的"矩形工具"按钮□，在页面中单击并拖动，绘制一个矩形，如图 11-86 所示。

2 执行"窗口＞泊坞窗＞彩色"菜单命令，打开"颜色泊坞窗"，在泊坞窗中设置颜色值为 R236、G108、B0，单击"填充"按钮，如图 11-87 所示。

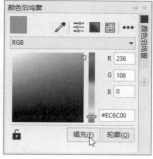

图 11-86 图 11-87

3 应用设置的颜色填充矩形图形，填充效果如图 11-88 所示。

4 单击工具箱中的"轮廓笔"按钮，在展开的工具栏中单击"无轮廓"选项，去除轮廓线，如图 11-89 所示。

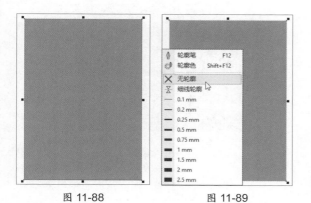

图 11-88　　　　　　图 11-89

5 单击工具箱中的"钢笔工具"按钮，在矩形左上角绘制一个三角形。单击工具箱中的"交互式填充工具"按钮，单击该工具属性栏中的"渐变填充"按钮，再单击"线性渐变填充"按钮，设置渐变色为 R240、G122、B15 到 R249、G154、B8，填充图形，如图 11-90 所示。

图 11-90

6 应用"选择工具"选中填充渐变后的三角形，执行"窗口＞泊坞窗＞变换＞旋转"菜单命令，打开"变换"泊坞窗，切换至"旋转"选项卡，设置"旋转角度"为 10°、"副本"为 42，单击"应用"按钮，如图 11-91 所示，再制图形的效果如图 11-92 所示。

图 11-91

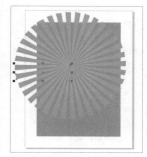

图 11-92

7 再制的三角形右侧未填满矩形背景，所以选择工具箱中的"形状工具"，单击选中三角形上的节点，将选中节点拖动到新的位置，得到如图 11-93 所示的图形效果。

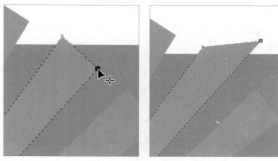

图 11-93

8 继续使用"形状工具"选中其他三角形上的节点，拖动这些节点，调整三角形的外形，调整后的效果如图 11-94 所示。

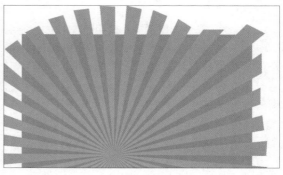

图 11-94

9 单击"选择工具"按钮，选中所有三角形对象，如图 11-95 所示。按下快捷键 Ctrl+G，将图形编组，如图 11-96 所示。

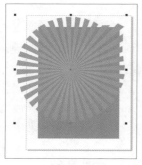

图 11-95　　　　　　　图 11-96

10 选择工具箱中的"透明度工具"按钮▣，单击属性栏中的"渐变透明度"按钮▣，再单击"椭圆形渐变透明度"按钮▣，在图形中单击并拖动，创建渐变透明度效果，如图 11-97 所示。

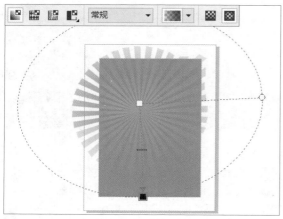

图 11-97

11 应用"选择工具"选中填充了透明渐变的图形，执行"对象＞ PowerClip ＞置于图文框内部"菜单命令，将鼠标指针移至矩形背景上，如图 11-98 所示，单击鼠标，将选中的图形置于矩形内部，效果如图 11-99 所示。

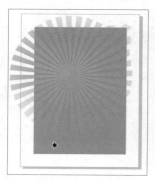

图 11-98　　　　　　　图 11-99

12 选择工具箱中的"贝塞尔工具"，在矩形底部绘制建筑剪影图形，打开"颜色泊坞窗"，设置颜色值为 R182、G57、B1，如图 11-100 所示，单击"填充"按钮，为绘制的图形填充颜色，并去除轮廓线。

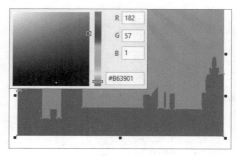

图 11-100

13 使用"贝塞尔工具"在页面中绘制不同形状的剪影图形，打开"颜色泊坞窗"，设置颜色值为 R151、G44、B0，如图 11-101 所示。设置完成后单击"填充"按钮，应用设置的颜色填充图形，并去除轮廓线，效果如图 11-102 所示。

图 11-101　　　　　　　图 11-102

14 再使用"贝塞尔工具"绘制图形，绘制的图形形状如图 11-103 所示。

15 单击工具箱中的"颜色滴管工具"按钮▨，将鼠标指针移至前面已填充颜色的图形上，如图 11-104 所示，单击鼠标吸取颜色。

图 11-103　　　　　　　图 11-104

16 将鼠标指针移到新绘制的图形上，如图 11-105 所示，单击后即可应用吸取的颜色填充图形，效果如图 11-106 所示。

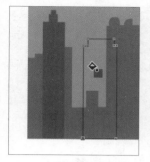 

图 11-105　　　　　图 11-106

17 选中图形，在属性栏中设置"轮廓宽度"为"无"，去除轮廓线。再应用相同的方法，在页面右下角绘制不同形状的建筑图形，效果如图 11-107 所示。

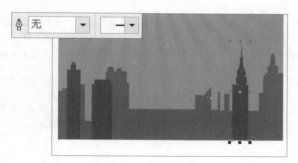

图 11-107

18 使用"选择工具"选中新绘制的 3 个图形，按下快捷键 Ctrl+G，将图形编组，效果如图 11-108 所示。

图 11-108

19 选择工具箱中的"钢笔工具"，在页面下方绘制不规则图形，效果如图 11-109 所示。

图 11-109

20 选择工具箱中的"交互式填充工具"，单击属性栏中的"渐变填充"按钮，再单击"椭圆形渐变填充"按钮，设置从 R252、G190、B0 到 R247、G145、B3 的渐变颜色，填充效果如图 11-110 所示。

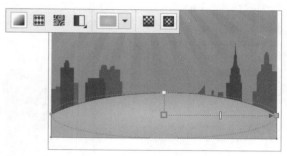

图 11-110

21 打开"默认调色板"，右击调色板中的"无色"色标，如图 11-111 所示，去除轮廓线，效果如图 11-112 所示。

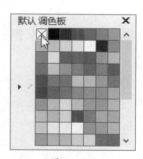 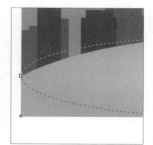

图 11-111　　　　　图 11-112

22 选择工具箱中的"钢笔工具"，在橙色矩形右下方绘制树冠形状，如图 11-113 所示。

23 选择"交互式填充工具"，单击属性栏中的"均匀填充"按钮，设置填充颜色为 R108、G156、B38，填充树冠图形，效果如图 11-114 所示。

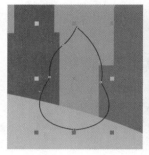

图 11-113　　　　　　图 11-114

24 选择工具箱中的"钢笔工具"绘制枝干图形，如图 11-115 所示。

25 选择"交互式填充工具"，单击属性栏中的"均匀填充"按钮■，设置填充颜色为 R18、G89、B21，为枝干图形填充颜色，设置"轮廓宽度"为"无"，去除轮廓线，效果如图 11-116 所示。

图 11-115　　　　　　图 11-116

26 应用"选择工具"选中树冠和枝干部分，按下快捷键 Ctrl+G，将对象编组，如图 11-117 所示。

27 按下快捷键 Ctrl+D，再制对象，然后将再制的图形向左上方移动，得到如图 11-118 所示的效果。

图 11-117　　　　　　图 11-118

28 继续使用同样的方法复制并调整图形，然后将其移至页面左侧，形成相对对称的画面效果，如图 11-119 所示。

图 11-119

29 选中左侧的两个树木图形，执行"对象>顺序>置于此对象后"菜单命令，将鼠标指针移到下方的图形上，如图 11-120 所示。

图 11-120

30 单击鼠标即可将选中的树木对象移到所单击的图形下方，效果如图 11-121 所示。

图 11-121

31 应用相同方法，结合"钢笔工具"和"交互式填充工具"在页面中绘制更多图形，完成背景的制作，效果如图 11-122 所示。

图 11-122

11.2.2　添加内容元素

　　招贴中与要表现主题相关的内容信息也是至关重要的，醒目的内容信息能够快速吸引观者的眼球。本小节将天猫形象徽标导入到背景中，通过图形的变形、组合设置，创建新的品牌形象，然后使用"文本工具"输入活动主要内容，并通过描边的方式突显出来，完成天猫"双 11"活动招贴的设计。

1 执行"文件>导入"菜单命令，将天猫徽标图形 03.ai 导入到页面中间位置，如图 11-123 所示。

2 按下快捷键 Ctrl+U，解组天猫徽标图形。单击工具箱中的"形状工具"按钮，选中天猫外形轮廓上的节点，按下 Delete 键，删除部分节点，然后选取脖子部分留下的节点，单击属性栏中的"转换为线条"按钮，将曲线段转换为直线，得到如图 11-124 所示的图形效果。

图 11-123　　　　图 11-124

3 选择"钢笔工具"，绘制出猫咪的身体形状，并将绘制的图形填充为黑色，如图 11-125 所示。

4 将绘制的身体部分移至头部下方，应用"选择工具"同时选取头部和身体，单击属性栏中的"合并"按钮，创建新的图形，并适当旋转新图形，效果如图 11-126 所示。

图 11-125　　　　图 11-126

5 选用"钢笔工具"在额头位置绘制图形，将绘制的图形填充为白色，并去除轮廓线，如图 11-127 所示。

图 11-127

6 执行"位图>转换为位图"菜单命令，打开"转换为位图"对话框，在对话框中选择颜色模式为"RGB 色（24 位）"，如图 11-128 所示，单击"确定"按钮，将图形转换为位图。

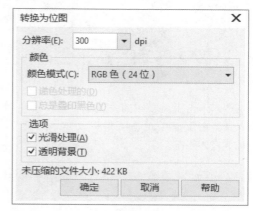

图 11-128

7 执行"位图>模糊>高斯式模糊"菜单命令，打开"高斯式模糊"对话框，在对话框中设置"半径"为 40 像素，如图 11-129 所示。

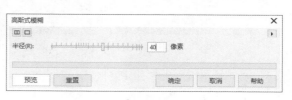

图 11-129

8 单击"确定"按钮，应用"高斯式模糊"滤镜模糊图像，模糊后的效果如图 11-130 所示。

图 11-130

9 继续使用相同的方法，在猫咪身体其他位置绘制图形，通过转换为位图后应用"高斯式模糊"滤镜模糊图像，添加更多高光，如图 11-131 所示。

图 11-131

10 单击工具箱中的"文本工具"按钮 字，在页面中单击并输入文字"11.11"，如图 11-132 所示。

图 11-132

11 单击"文本工具"属性栏中的"文本属性"按钮 ᴬₒ，打开"文本属性"泊坞窗，

在"字符"属性下方设置字体为"方正新舒体简体"，填充方式为均匀填充，填充颜色为 R255、G89、B24，"轮廓宽度"为 3 mm，轮廓颜色为 R255、G212、B0，如图 11-133 所示。

12 单击"段落"按钮 ▤，跳转到段落属性，设置"字符间距"为 8，让文字变得更紧凑，如图 11-134 所示。

图 11-133   图 11-134

13 应用设置的文本属性，更改输入的文字效果，如图 11-135 所示。

图 11-135

14 应用"选择工具"单击文本对象，显示变换控制手柄，将鼠标指针移到文字右上角，当鼠标指针变为折线箭头时，单击并拖动，旋转文字，在属性栏中会即时显示旋转的角度，如图 11-136 所示。

图 11-136

15 选取工具箱中的"文本工具"，在已输入文字下方单击并输入文字"猫"，打开"文本属性"泊坞窗，设置文字字体为"汉仪雁翎体简"，轮廓线宽度为 3 mm，轮廓颜色为 R255、G212、B0，设置填充为 R244、G111、B6 到 R248、G43、B40 的渐变填充，如图 11-137 所示，设置后得到如图 11-138 所示的文本效果。

图 11-137

图 11-138

技巧提示

在"字符"属性中，设置填充类型为"渐变填充"，单击右侧的"填充设置"按钮，打开"编辑填充"对话框，在对话框中可以设置要填充的渐变颜色。

---

16 再次应用"选择工具"单击文本，显示变换控制手柄，将鼠标指针移至右下角，单击并拖动鼠标，旋转文字，效果如图 11-139 所示。

图 11-139

17 继续使用"文本工具"在页面中输入另外几个主体文字，然后设置相同的字体、颜色和轮廓线效果，如图 11-140 所示。

图 11-140

18 使用"文本工具"在猫咪图形下方输入文字"真"，在"文本属性"泊坞窗中设置文字字体为"汉仪尚巍手书 W"、字体大小为 170.8 pt、填充方式为"均匀填充"、填充色为白色，如图 11-141 所示，设置后的效果如图 11-142 所示。

图 11-141

图 11-142

19 继续结合"文本工具"和"文本属性"泊坞窗在页面中输入并设置其余主体文字，效果如图 11-143 所示。

图 11-143

20 执行"文件>导入"菜单命令，导入墨点素材 04.ai，如图 11-144 所示。

21 应用"选择工具"选中墨点图形，单击属性栏中的"水平镜像"按钮，翻转图形，如图 11-145 所示。

图 11-144

图 11-145

22 打开"默认 RGB 调色板"，单击调色板中的"白"色标，如图 11-146 所示，将导入的墨点图形填充为白色，如图 11-147 所示。

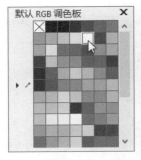
图 11-146

图 11-147

23 选取"文本工具"，在页面中输入更多的文字信息，并在"文本属性"泊坞窗中设置相关属性，效果如图 11-148 所示。

24 单击工具箱中的"星形工具"按钮☆，在属性栏中设置"点数和边数"为 5、"锐度"为 30，在页面中绘制星形，为星形填充白色，并去除轮廓线，如图 11-149 所示。

图 11-148

图 11-149

25 选中星形图形，连续按两次快捷键 Ctrl+D，再制两个星形，并调整再制图形的大小。选中 3 个星形图形，执行"对象>对齐和分布>水平居中对齐"菜单命令，对齐图形，如图 11-150 所示。

图 11-150

26 再复制 3 个星形图形，向下移动复制的星形图形至合适的位置，如图 11-151 所示。

图 11-151

27 单击工具箱中的"2 点线工具"按钮，在页面中单击并拖动，绘制两条直线，在属性栏中设置"轮廓宽度"为 1.0 mm，如图 11-152 所示。

图 11-152

28 打开"默认 RGB 调色板",右击调色
板中的"白"色标,如图 11-153 所示,
更改绘制的直线轮廓颜色为白色。

图 11-153

29 选择并复制白色的线条,按下键盘中的
向下方向箭头,将其移动到合适的位置,
并适当缩短线条的长度,如图 11-154 所示。

图 11-154

30 选中线条对象,在属性栏中更改"轮廓
宽度"为 1.5 mm,加粗线条,效果如
图 11-155 所示。

图 11-155

31 最后选中页面下方的文字和图形对象,
适当调整
位置,将它们放置
到页面的中间位置,
完成本实例的制作,
最 终 效 果 如 图 11-
156 所示。

图 11-156

11.3 | 本章小结

　　CorelDRAW 的应用领域非常广泛,如广告设计、海报设计、插画设计及书籍装帧设计等。在
本章中为让读者学习到更完整的 CorelDRAW 绘制和编辑技术,掌握设计流程,对 VI 办公系统应
用设计和活动招贴设计两个典型实例进行了详细讲解。

11.4 | 课后练习

1. 填空题

　　(1) 配合_____键可以绘制正圆形或正方形图形。

　　(2) 对选定的对象进行轮廓填充时,需要按下_____选中调色板中的颜色。

　　(3) 按住_____键不放,单击鼠标可以连续选取多个对象;选取多个对象后执行"合
并"命令,所得到的对象属性与_____的对象相同。

2．问答题

（1）怎样在已经创建的文档中添加或删除页面？

（2）复制对象有哪几种方法？

3．上机题

（1）创建新文件，完成一套简单的VI应用设计，如图11-157所示。

图 11-157

（2）导入随书资源\11\课后练习\素材\01.jpg人像素材，运用图像制作女装广告图，效果如图11-158所示。

（3）制作一张如图11-159所示的矢量插画。

图 11-158

图 11-159